SPSS超入門
第3版
インストールからはじめるデータ分析

畠　慎一郎
田中多恵子
著

東京図書株式会社

◆SPSS 製品に関する問い合わせ先：
〒103-8510 東京都中央区日本橋箱崎町 19-21
日本アイ・ビー・エム株式会社 クラウド事業本部 SPSS 営業部
Tel. 03-5643-5500　Fax. 03-3662-7461
http://www.ibm.com/software/jp/analytics/spss/

データ分析・統計解析は怖くない

まえがきにかえて――

皆さんは「人工知能」「AI」や「統計解析」などの「データ分析」にどのようなイメージをお持ちでしょうか？ 数式やデータは理系のイメージが強いかもしれませんね。AI は使ったことがあるけど、統計解析を利用して分析というとハードルが高そうという方もいらっしゃることでしょう。

データ分析や統計解析に苦手意識がある方は非常に多いのも事実です。私自身、大学生の時、多変量解析の授業で黒板いっぱいに書かれた微分方程式の例題を解くという宿題を出されたときには、「この学問や数式が何に役に立つのか？」「これを学んでも意味があるのか？」と思いました。

本書を読み始める皆さんは、卒業論文や修士論文を書くためにはじめて統計解析をする方や、授業では基本的な理論を学んだけれど、SPSS Statistics には触れたことがなかった方、またビジネスで使ってみたいという方もいらっしゃることでしょう。その方々のためにわかりやすく SPSS の操作方法とその背景にある理論とを共に解説していきます。

統計解析をはじめとするデータ分析には、多くの数学的な理論的背景が隠されており難しそうなイメージがあるかと思います。しかし、数式や理論をまったく理解せずにこれらの手法を利用することはお勧めしません。道具として統計やデータ分析を利用する際に、その原理の基本的な部分については理解をすることをお勧めします。ただし、すべての数式を覚える必要も計算が上手にできる必要もありません。数式を解くこと自体は、SPSS Statistics をはじめとする統計解析ソフトウェアが担当してくれます。

本書でもデータ分析・統計解析に必要な数式を紹介していますが、その式がどのような目的のために利用され、かつどのような処理を行っているのかについては理解をしていきましょう。実際の計算自体は SPSS に任せて構いません。あとはその結果の読み解きに集中しましょう。

さて、私たちを取り巻く統計解析の世界も少しずつ変化してきているようです。というのも、2016 年 3 月には世界の統計会のボスともいえるアメリカ統計学会（American Statistical Association）が、これから多くの場面で利用する p 値（有意確率）に関する声明を出しています。それは、要約すると「p 値をはじめとする統計を正しくつかわない研究が横行している。そのため改めて統計でよく利用される p 値（有意確率）などを正しく利用するようにしなさい」という警告でした。とても便利な道具である統計ですが、正しく道具を理解して利用しないと誤用が多く、５％という基準自体が正しいと独り歩きしてしまっているということです。

しかも、最初に申し上げておけば、これから私たちが多用する検定という手法自体は、仮説が正しいということを言っているのではなく、標本で起こっていること自体が、母集団でも成り立つかどうかを確認しているに過ぎないということなんです。

これらを理解する上でも道具としての性格を最低限、学ぶ必要があるということを申し上げておきましょう。

ただ、その上で統計やデータ分析を利用すれば、皆さんの研究やビジネスを大きくサポートしてくれる道具となるでしょう。新しい気づきを与えてくれる可能性もあります。また、他者に対してその説明力を高めて証明してくれる可能性もあるでしょう。

知りたいことをより客観的に、そしてより説得力のある形で伝えることができる道具、それがデータ分析や統計解析なのです。本書を通して、道具の使い方とその背景にある考え方を学んでいただければ幸いです。

データ分析や統計解析は怖くないのです。

道具の使い方を習得して、皆さんの研究やビジネスをワンステップ向上しましょう！

■統計解析ソフトウェアのスタンダード SPSS

まずは今回利用するソフトウェア SPSS とはどのような製品なのかを理解しましょう。

SPSS（正式名称 IBM SPSS Statistics：以下 SPSS）は、IBM 社が製造・販売している統計解析ソフトウェアです。その歴史は非常に古く 1968 年のアメリカで誕生しました。

1960 年代のアメリカは、まさに激動の時代ともいえる時代です。1960 年から 75 年まで続いたベトナム戦争、62 年のキューバ危機、63 年のケネディ大統領の暗殺、69 年のアポロ 11 号の月面着陸と非常に大きな事件が相次ぎました。そのような中、1968 年には第 37 代アメリカ合衆国大統領選挙が開催されます。最終的にリチャード・ニクソンが勝利したこの大統領選挙の浮動票を予測するために SPSS は誕生しました。

当時、大統領選挙における浮動票の予測を行う国際学術プロジェクトが立ち上がり、スタンフォード大学の大学院博士課程に在籍していたノーマン・ナイ、ハラルド・ハルをはじめとする 3 名の大学院生が作成した統計プログラム、それが SPSS でした。社会科学のための統計パッケージ「Statistical Package for Social Science」の頭文字をとって SPSS と呼ばれていましたが、現在は SPSS が正式名称です。その SPSS は、いまでは世界中で数十万人のユーザーがいるデータ分析・統計解析の代表的なソフトウェアとなっています。なお、2010 年に IBM 社が SPSS 社を買収したため、現在は IBM ブランドとして開発、発売されています。

なお、現在の SPSS 製品群 は、①統計解析ファミリー　②モデリングファミリー　③展開ファミリーという 3 つのグループから構成されています。その中でも本書では、SPSS ブランドの中心的存在が統計解析ファミリーでもある SPSS Statistics について解説を進めていきます。

■SPSS Statistics の特徴

統計解析処理を実行するために開発された SPSS Statistics。2022 年 9 月現在、最新バージョンは 29 です。

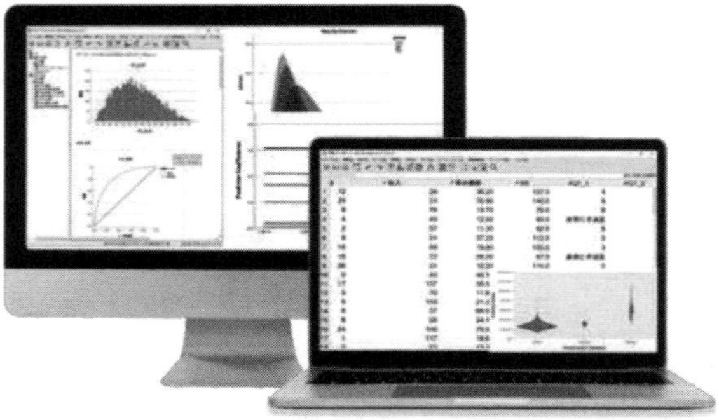

【１】わかりやすい操作性

SPSS の最大の特徴は、メニューを操作するだけで、高度な統計解析もグラフ作成もデータ加工も実行可能であることです。プログラムを記載することなくどなたでも簡単に分析を行うことが可能です。

【２】データの読み込みやデータ加工、分析、グラフ作成などを実行可能

統計解析を実行するために必要なデータ加工をはじめ、データの読み込みからデータ加工、分析、グラフ作成、出力までを実行することが可能です。なお、SPSS に搭載されていないアルゴリズムを利用するときのために、R や Python からアルゴリズムを取り込むことができます。

【３】高い信頼性

ソフトウェアは当然のことながら信頼性が必要です。全世界で 30 万人近いユーザーに使われているということは、その信頼性の証です。加えて、関連書籍も非常に多く出版されています。皆さんのまわりや学校にも必ずや SPSS に詳しい方がいるはずです。

■SPSS Statistics に搭載されている基本的な分析手法

[データ集計・加工機能]

・記述統計量の算出（平均値、中央値、分散、標準偏差など）

・クロス集計表の作成

・2 つのデータの結合、追加

・量的データのカテゴリ化

・多重回答の集計

【分析機能】

・2 変量間の分析：相関分析、χ二乗検定

・基礎検定・分析：クロンバッハのαなどの信頼性分析、正規性の検定

・データ分解：主成分分析、因子分析

・グループの比較：ｔ検定、一元配置分散分析と多重比較

・回帰分析：線型回帰、曲線推定、ロジスティック回帰分析

・高度な分析手法：反復測定、一般線型モデル、混合モデル、時系列分析、コレスポンデンス分析、コンジョイント分析、ニューラルネットワーク、決定木分析、ベイズ統計、欠損値分析、正確確率検定など

・クラスタリング：K-means／Two-Step クラスタ分析／階層クラスタ

・医療統計等で利用する分析：生存分析、カプランマイヤー、Cox 回帰、傾向スコア分析、ロジスティック回帰分析など

・ノンパラメトリック検定：マンホイットニーの U 検定、クラスカルウォリス検定、フリードマン検定、マクネマー検定など

・効果量：クラメールの V、コーヘンの d をはじめとする各種効果量の算出

【グラフ・出力・レポート機能】

グラフ機能：カテゴリ型のグラフ／管理図／ヒストグラムと散布図／診断／探索プロット／ROC 分析出力／地図表示機能など

＊上記の手法は Statistics Base に加えてアドオンモジュールに搭載されている手法も掲載。

SPSS Statisticsは、基本機能を搭載しているSPSS Statistics Baseと追加モジュールで構成されています。基本モジュール以外の分析を行う場合には、別途モジュールを追加すれば分析が可能になります。各オプションのモジュールについてもご紹介しましょう。なお、学生向けの SPSS GradPack については、複数のアドオンモジュールがすでに含まれているエディションが用意されています。

■SPSS Statistics のアドオンモジュール

アドオンモジュール	使用目的
SPSS Advanced Statistics	一般化線型モデル、反復測定、混合モデルなど
SPSS Categories	コレスポンデンス分析などのカテゴリ値の分析を行う
SPSS Complex Samples	コンプレックス・サンプルを実行する
SPSS Conjoint	コンジョイント分析を行う
SPSS Custom Tables	高度なクロス集計、カスタムテーブルを簡単に実行する
SPSS Decision Trees	決定木分析を行う
SPSS Direct Marketing	ダイレクトマーケティングによく利用される手法を搭載
SPSS Exact Tests	少ないサンプル数を扱う際に利用する
SPSS Forecasting	時系列分析を行う
SPSS Missing Values	欠損値分析を実行する
SPSS Neural Networks	ニューラルネットワークを実行する
SPSS Regression	ロジスティック回帰、リッジ、ラッソ、エラスティックや傾向スコアを実行する

■SPSS Statistics と親和性の高いスタンドアロン製品

製品名	使用目的
SPSS Amos	共分散構造分析・構造方程式モデリングを実行

■R ではなく，SPSS をお勧めするワケ

無償の統計解析ツール R の人気が高まっています。たしかに無償というのは非常に魅力的なので、「R を利用して分析した方がよいのでは？」とお考えの方もいらっしゃるかもしれません。しかし、少々注意が必要です。

たしかに R も非常に優れたツールですが、習得するための時間や労力はどれくらいかかるでしょうか？　R はプログラミング言語ですので、その構文を理解している必要があります。もし、プログラミングを授業などで受けたことがある理系の方であれば、R という選択肢はあり得ると思いますが、統計をこれから始める、さらにプログラミングも初めてという方は、２つの“はじめて”なことに挑戦するわけです。どちらもハードルが高いものです。どちらかが簡単にクリアできるのであれば、無理にハードルを上げる必要はないでしょう。

SPSS は、昨今 R との連携を強化しています。SPSS のインターフェイス上から R のアルゴリズムを呼び出しメニューから分析することができます。さらに最新バージョンではすでに多くの方が利用されている代表的なアルゴリズムも多く標準搭載されるようになりました。R にあるアルゴリズムを利用したい場合にも、SPSS との併用をお勧めします。

■表計算ソフトではなく，SPSS をお勧めするワケ

多くの方が利用している各種表計算ソフトも人気のツールの一つで、性能も改良され続けています。

しかしながら、統計解析に表計算ソフトを利用することを筆者はお勧めしません。なぜならば、表計算ソフトは、あくまでも簡易的な表の上での計算を行うソフトウェアであり、統計解析では専用のパッケージを利用すべきと考えるからです。また、一見便利ではありますが、統計解析を行うときに立ちはだかるのが関数で、覚えるのもひと苦労です。

それ以外にも、「気が付いたら計算範囲の指定が間違っていた」「途中でデータがずれていた」なんてことはありませんか？　表計算ソフトは非常に優れたツールですが、エラーの発見などについては弱点があるのです。

“餅は餅屋”という言葉があるように、統計解析は専用のソフトウェアを利用することをお勧めします。

目　次

実践編 45

装幀●高橋　敦（LONGSCALE）

ウォーミングアップ編

データ分析概論

■データ分析の世界で我々は生きている

「データ分析」や「統計解析」、「AI」は従来にも増して目にするようになってきました。特に「AI」については、AI を活用したアプリなどが多数登場していることから身近に感じるようになっているかもしれませんね。一方で、「データ分析」「統計解析」とは少し縁遠い感じがするかもしれません。

意外に思うかもしれませんが、実は私たちは既に統計やAI などのデータ分析を活用した世界に生きているのです。

身近にあるデータ分析の例を紹介しましょう。例えば、天気予報。将来の気象を予測するこの裏には非常に高度な予測分析が利用されています。何台ものスーパーコンピューターを利用し、シミュレーションを行うことにより、24 時間以内であれば 85%の精度で予測することが可能になっています。もしくはオンラインショップでの買い物の際に、「おすすめ」機能を利用する事もあるでしょう。これらは協調フィルタリングという分析アルゴリズムを利用して皆さんの閲覧履歴から購入しやすそうな商品をお勧めしています。また、クレジットカードを利用していた際に不正利用のアラートを受け取ったことがある方もいるでしょう。クレジットカードなどでの不正利用の検知については、異常検知アルゴリズムを利用することにより異常な行動パターンを判定しアラートを出しているのです。このように知らず知らずのうちに私たちはデータ分析の結果を享受して生活をしているのです。

それでは、皆さんの研究やビジネスにおいてはどうでしょう。この書籍ではSPSS という統計解析のソフトウェアを利用して分析を行っていきますが、そもそもなぜデータを分析する必要があるのでしょうか？

答えはとても簡単です。皆さんの知りたい、解明したい事象のヒントをデータ分析が示してくれるからです。それは単純な集計結果の場合もあれば、検定などの手法もしくは多変量解析の手法による結果かもしれません。いずれにしてもデータ分析を行うことで、皆さんの研究やビジネスにおいて輝かしい知見を手に入れ、一歩先に進むヒントを得ることができるのです。

■統計処理や分析を成功させるために

さて、統計をはじめとするデータ分析を成功するためには、何が必要でしょうか。数多くの手法を理解する必要があるのでしょうか。最新のアルゴリズムを覚える必要があるのでしょうか。確かに道具である分析ソフトウェアや統計手法を多く習得している方が有利であることは間違いありません。

一方、とても重要なことがあります。何よりも大切なことは、データ分析や統計解析によって何を知りたいのか、何を行いたいのかという目標の設定です。その目標設定がしっかりしていれば、データ分析の手法や理論も最短距離で習得することができるでしょう。

なぜならば、データ分析や統計処理は、目的とそれを実現するためのアルゴリズムの選択、またそのアルゴリズム（数式）を利用するための適切なデータにある程度ルールがあるからです。つまり目的や行いたい分析がしっかり把握できていれば、最短ルートで必要な知識やデータを理解でき、データ加工スキルや理論の習得を行うことができるのです。

その上で、データ分析を成功させるための要素を考えてみましょう。それは分析手法などの理論的な知識と、道具であるソフトウェアなどを活用する知識、そして利用して得られた分析結果を正しく解釈し、理解する研究やビジネスの知識です。

例えば、ある解析を行い、AとBの2グループであるテストの結果が10点違い、検定をした結果も有意であったとしましょう。しかし、この10点という差がビジネス上、研究上意味があるのかは、統計の仮説検定の結果からは教えてはくれないのです。いくら統計的に有意な差が存在したとしても、現場では10点差は誤差であるのであれば、結果としてはあまり役立つ結果とはいえないでしょう。このように実際にはその結果を正しく解釈するための専門分野の知識が一番重要であるといえます。

料理にたとえるならば、データ自体は食材といえるでしょう。その食材を調理するためには、包丁や鍋、フライパンなどの道具が必要ですね。これがSPSSをはじめとする分析ソフトウェアです。そしてそれらの食材を適切に調理する技術、知識、レシピが必要です。食材だけでも料理はできませんし、道具だけでも当然料理ができません。また、それらの道具と知識と材料に加えて、最終的にどのような料理を作るのかという目的、イメージが必要です。同じ材料であったとしても、最後に何をつくるのか、食べたいのかによって調理方法も使う道具も違うでしょう。

データ分析も同じです。まず目的を決め、次に手元にあるデータを確認します。その上で必要な分析手法やツールを選択します。なお、目的については、はじめのうちは過去の先行研究や事例などを参考にして設定するのも良いでしょう。

上記の料理の例では、良い料理人は過去の経験や過去のレシピを元に料理をつくることでしょう。データ分析においても同じです。良いデータ分析者は過去の経験から自分自身のデータ分析レシピをもっています。このレシピはデータ分析を行いながら身につけていく必要がありますが、本書では皆さんの中に分析レシピを作ることができるよう構成していますのでぜひこの書籍を通してレシピづくりをしていただければと思います。

さて、データ分析を実施する際には、当然のことながら「データ」が必要です。どのようにデータを収集するのか。いまは多くのデータがインターネット上で公開される時代です。卒業論文や修士論文のテーマによっては公開されているデータがあるかもしれません。もし公開データがないのなら、アンケートを実施して必要なデータを収集すればよいのです。しかもインターネットや SNS を活用することで、比較的簡単にデータが収集できるでしょう。その際にも前述の通り、ご自身の研究において何を知りたいのか、そしてそこからどのような分析が必要なのか、またどのようなデータが必要なのかを検討することによりアンケートの項目の設定つまり調査設計や調査票にいれるべき項目も見えてくることでしょう。

ビジネスにおいては、目的を設定した上で、自社内のデータで目標・目的を達成できるのかを検討しましょう。足りない場合には、新しいデータを収集するシステムを構築するなどのプロセスが必要になるかもしれません。

研究においても、ビジネスにおいても重要なことは、分析に必要なデータを明確化し、いかに効率よく、効果的に収集するかということになります。

そのためには統計解析をはじめとするデータ分析の理論を身につけておく必要があります。

データ分析の「理論」については、多くの書籍からヒントを得ることができるでしょう。統計手法に関する書籍も図書館や書店で手に取ることができます。本書の後半にもお勧めの書籍を掲載していますので参考にしていただければと思います。その際、データ分析入門や統計解析入門という書籍などは、あくまでも統計やデータ分析の入門書であり数学初学者のための書籍ではない場合もあることに注意が必要です。数学が苦手、数式はちょっとという方は、書籍の中を確認しご自身でわかる程度の数式で構成されているのかを必ず確認するようにしましょう。また私の会社でも提供しているオンラインコンテンツなどで学ぶのも良いでしょう。

さて、続いて「道具」である分析ツールはどうでしょうか？　SPSS をはじめ、専門知識がなくても分析できる分析手法を搭載した分析ツールも数多く存在します。ただし、どの分析ソフトウェアも独自の操作性などがあります。道具であるソフトウェアの習得も分析の成果をあげるための必要な要素です。ぜひこの部分も書籍やセミナーなどでしっかりと身につけるようにしていきましょう。

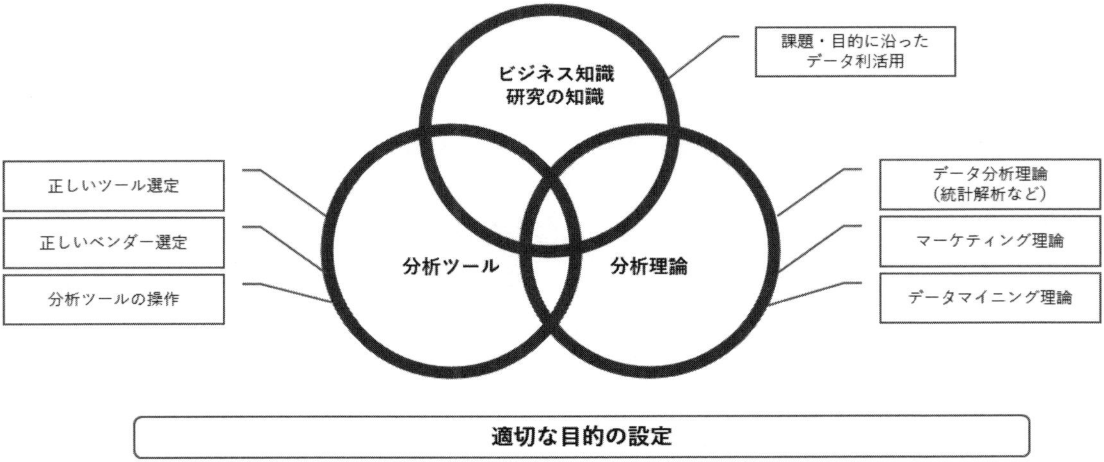

皆さんはデータ分析を始めるにあたって、何も不安を抱く必要はないのです。

とにかく、データ分析を始めてみましょう！

統計学超入門

■統計（学）とは何か？

今回、本書で扱う SPSS Statistics は、統計解析用のソフトウェアであることはご紹介した通りです。それではその統計とはどのようなものなのでしょうか。「統計」というと難しいイメージがあるかもしれません。しかし、実は法則性があるためそのパターンを理解すればそれほど難しいことではありません。この章では、統計について学んでいきましょう。なお、統計の入門書や専門書は多く出版されています。お勧めの書籍は巻末に掲載していますので、より詳しい情報が欲しい場合にはそちらを参照してください。ここでは、統計のエッセンスをご紹介します。

統計とは、文字を分解してみれば、《統（すべて）》を《計（はかる）》手法のことです。英語ではStatistics と表記しますが、語源は国家を表すState といわれています。なお、欧米では統計学と統計の区別はしていませんが、例えば、雇用統計をはじめとする各種の集計結果のように日本語では統計というと国家統計などを表すことが多いようです。

なお、統計の起源は、国や社会における人口や経済に関する数的調査にあったといわれています。「国家があるところに統計あり」と統計学者のモーリス・ブロックが語ったように、多くの人や事象が生じるような状態で、それらを正しく把握し、判断するための道具として統計は発展を続けてきたようです。例えばピラミッド建築においても統計が使われていました。実に約5000 年前から存在するということです。また、古代ローマでは、市民の労働力や税収の調査が行われていました。古代ローマの徴税官であるセンソールが、増加する市民の労働力と税収計算を行っていました。統計処理を当時から行っていたということです。そのセンソールはセンサスという言葉として現代でも未だに残っています。

統計学はいくつかの系譜があり、最終的に19世紀にアドルフ・ケトラーが学問として体系化していきました。一つには、先に紹介していたような国家の状態を表すための統計の系譜、もう一つが大量の事象を捉えるための統計というものです。時は17世紀半ば、イギリス、ロンドンではペストが大流行していました。そのような中で英国人のジョン・グランド（1620–74）は、ロンドン市内の教会の資料を元に死亡に関する統計表を分析。その中からあるパターンを発見しました。このように限られたサンプルデータから全体を推測することが可能になったのがこの時代です。副産物として当時200万人と考えられていたロンドンの人口が実は38万4千人と推定することに成功したとも言われています。

もう一つの重要な系譜は、現代統計の重要な要素である確率的事象を捉えるための統計です。これは実はさいころ賭博やギャンブルから発生してきました。当時、学者が職業として成立し始めた時期で、貴族の元に頭の良い学者たちが仕えていたのです。パトロンである貴族たちは暇を持て余してさいころ賭博やギャンブルに興じていたわけですが、当然勝ちたいわけです。そこでお抱え学者たち（フェルマーやパスカルたち）に依頼してどうしたら勝てるのかを研究させていたそうです。この頃から確率論の基礎が生まれました。期待値や推定、検定、標本理論などもここから派生していきました。かのガリレオ・ガリレイもトスカーナ公からの依頼で「サイコロゲームに関する考察」という論文もだしていたそうです。

さて、これらの系譜をまとめたのが、先述の現代統計学の祖といわれるアドルフ・ケトラーです。人口調査が起源といわれた統計学も社会学や国勢統計学へ発展を遂げていきました。正しく信頼できるデータを集めて、そこから何らかの問題を明らかにし、新しい知見を得るための学問、それが統計学といえます。

■統計のはじまりは「測ること」

統計のもっとも根源としての考えは、物事を観測して「測る」ことです。厳密には、「測る」には、数えることと何ならかの計算することの二つがあります。その中から何らかの法則性や規則性を発見したり、それを記載・記述したり、また検証することが統計のもっとも基本的な役割といえます。

また、統計は集団の行動や意識を扱います。そのため統計においては、個々人の嗜好や行動などはあまり関心がありません。集団や事象の思考や状態がどうなのかに関心があり、それを調べるための道具が統計です。

■母集団と標本（サンプル）

さて、統計の基本的な考え方は、「データをすべて収集することができないから一部を収集して、その一部のデータから全体を考えてみよう」という発想がベースとなっています。たとえば、アンケートを実施し国民の意識調査を実施する場合、日本国民 1 億 2600 万人すべてから回答を得ることは困難です。そのために一部の人、たとえば 1000 人にアンケートを実施し、日本人の意識を探るわけです。

このとき、日本国民すべてのような、そのデータの大元となる集団のことを「母集団」、アンケートをとった 1000 人を「標本」もしくは「サンプル」といいます。

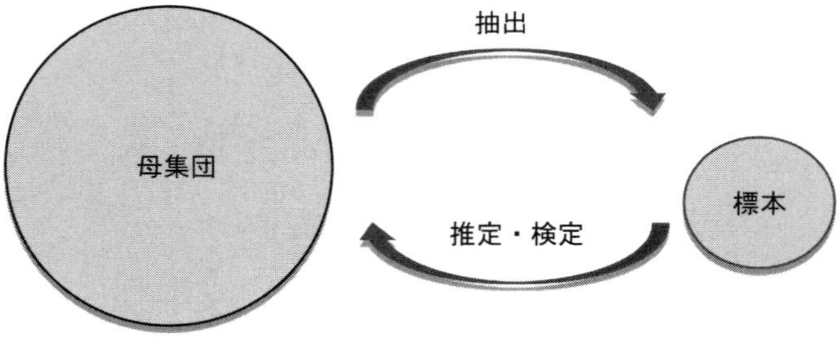

■統計の種類：記述統計と推測統計

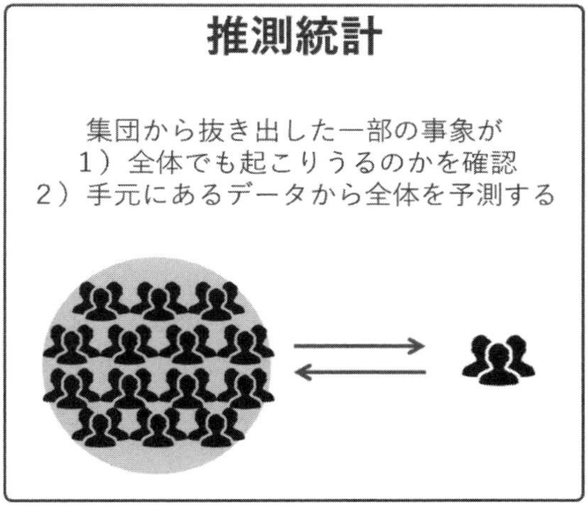

統計解析には、大きく分けて2つの種類があります。それは、記述統計と推測統計です。

記述統計は、手元にあるデータ（これを標本またはサンプルといいます）、つまり標本からその特徴をグラフや数字を使って表します。記述統計は、母集団との関係性を考える必要はありません。あくまでも手元のデータから何か特徴を見つけ出す手法です。平均値や中央値というような、そのデータを代表する値を利用するのと同時にグラフや表を利用します。

もう一つの手法が推測統計です。たとえば、ある国の一つの畑の収穫高から国家全体の収穫高を予測したり、わずか 1000 人程度のアンケート調査から国民全体の傾向を考えたりする、これが推測統計です。

さらに、推測統計には推定と検定の2つの考え方があります。先ほどの例のように一部のサンプルから全体を計算することを「推定」といいます。それに対し、手元にある分析結果が母集団でも成り立つかどうかを確認することを「検定」といいます。この推定と検定が推測統計のポイントです。

このように統計解析は、データの特徴を明らかにしたり、一部のデータから全体を予測したり、一部の結果から全体の傾向を確認したりすることができるのです。

■データには種類がある：データの尺度

さて、そもそも**データ**とは何でしょうか？ 次の4つの例でデータがどれなのかはわかりますか？ 実はAからDのうちB、C、Dはデータです。Aはただの数字の羅列です。(A) の数値の羅列からは何を意味しているのかを理解することはできません。それに対して (B) は店舗の情報があるようです。つまり1、2、3、とある場合には青山店、渋谷店、新宿店と読み替えることができそうです。(C) は、アンケートの結果のようです。しかも「1」が非常に不満を、「5」が大変満足を意味しているようです。(D) は5点満点のテストのようですね。この例では、(A) は数値、(B)、(C)、(D) はデータといえます。つまり、数値に情報（意味）を付け加えたものをデータといいます。

A) 1, 2, 3, 4, 5, 4, 1, 2, 4, 5

B) 1, 2, 3, 4, 5, 4, 1, 2, 4, 5
(1 ： 青山店 、2 ： 渋谷店、3 ： 新宿店、4 ： 横浜店、5 ： 千葉店)

C) 1, 2, 3, 4, 5, 4, 1, 2, 4, 5
(1 ： 非常に不満足 ～ 5 ： 非常に満足)

D) 1, 2, 3, 4, 5, 4, 1, 2, 4, 5
(テストのスコア：1点～5点)

数値＋情報＝データ

さて、(B) から (D) までデータということはわかりましたが、その種類は違います。一言で「データ」といってもさまざまな種類がありますが、大きく分けて2つに分けられます。これは「質的変数」と「量的変数」です。変数 (Variable) というのは、たとえば、アンケートの項目（性別や年齢など）のことを指します。

さらに、データをどのように取り扱っているのかという「尺度」でも分けられます。

データの種類によって分析手法が異なるため、手元にあるデータは質的変数なのか量的変数なのか、尺度は何なのかを見極めることが重要です。

変数	尺度名	意味	例
質的変数	**名義尺度**	数値の大小には意味がない 数値に分類のための名称をつけたもの	職業・性別・背番号・診断名など
	順序尺度	数値の大小に順序としての意味があるもの、間隔は等間隔ではないもの	服サイズ（L・M・S）、薬効、満足度（非常に不満５点〜非常に満足１点）など
量的変数	**間隔尺度** **（距離尺度）**	数値の大小には意味があり、かつその間隔が等間隔で差に意味があるもの	摂氏〜華氏の温度・暦年など
	比率尺度	上記の間隔尺に加えて 原点に意味があるもの	長さ・重さ・濃度・人数・絶対温度など

・質的変数：分類や順序を示す変数を意味します。

・量的変数：数値の間隔や大きさに意味がある変数を意味します。

質的変数には「名義尺度」と「順序尺度」、量的変数には「間隔尺度」と「比率尺度」があります。

名義尺度は、「０：男性　１：女性」というような分類を示すデータで、数値の大小に意味はありません。

順序尺度は、「１：非常に不満　２：やや不満　３：普通　４：やや満足　５：非常に満足」というような分類を示すデータで、数値の大小関係に意味がありますが、その数値の間隔には意味がないものをいいます。たとえば、上記の５段階の項目を、１、３、５、７、９という数字に入れ替えたとしても、それぞれの順番は変わりません。やや満足と満足の数値が４と５から、７と９になっても、その間隔は意味をもっていないからです。

量的変数には、間隔尺度、比率尺度があります。

間隔尺度は、距離尺度ともいわれます。その代表例として温度が挙げられます。たとえば、36℃と 37℃、38.1℃と 39.1℃の間はいずれも１℃ですね。一方で、0℃という温度も、－10℃という温度もあります。また、0℃は何もない温度というわけではなく、温度として存在しています。つまりそれぞれの数値の間隔が重要なのです。

もう一つの尺度、比率尺度は身長で考えてみましょう。たとえば、身長 159cm の人と 157cm の人の差と、160 cm の人と 162 cm の人の差はどちらも 2cm です。0cm なら、そこには差がないことになります。

比率尺度の場合、0 は「無」という意味があります。身長や体重、年齢、距離、時間的な経験もすべて比率尺度です。文字のとおり、比率尺度にはそれぞれの項目間の割合に意味があります。つまり比率です。たとえば、身長 160cm の大人は 80cm の幼児の２倍の身長といえます。

この２つの尺度は、0 という数値の扱いによって分かれます。間隔尺度は「０≠無」ではないととらえ、比率尺度は「０＝無」ととらえるのです。

このように、一言で「データ」といってもさまざまな種類があるのです。そのため、データの種類によって分析手法が異なります。

たとえば、身長のデータが手元にあったとします。次のような 10 人分のデータです。

185cm，154cm，168cm，170cm，180cm，184cm，165cm，166cm，168cm，156cm

このデータは、数値の大小に意味がありますね。当然ながら 154cm の人よりも 185cm の人の方が背が高いといえます。

この 10 名の平均身長を計算することは意味がありそうです。10 人分の身長を足し算して 10 で割れば答えが出ます。これはいわゆる平均ですね。

$$10\text{人の平均身長} = \frac{185+154+168+170+180+184+165+166+168+156}{10} = 169.6\text{cm}$$

続いて、10 名分の男性＝１，女性＝２という性別のデータが下のようにあります。この数値の大小の関係は、当然ながらありません。

１，２，１，１，１，１，２，１，２，１

数値から男女の比率を推測する場合、身長のときのように平均値は使えません。平均 1.3、この数値には意味がないのです。しかし、１（男性）が７人、２（女性）が３人というそれぞれの数値を数えることには意味があります。

このように、データ（数値＋情報）の性質によって計算方法を変える必要があります。そのためにも、それぞれのデータがどのような尺度なのかを確認することが非常に重要なのです。

なお、量的データと質的データの関係性については、量的データから質的データへの変換は可能です。例えば年齢のデータがあった場合、筆者は現在 44 歳ですが、そこから 40 代という順序尺度のデータへは変換が可能です。一方、質的データから量的データへの変換は難しいといえます。40 代から 43 歳へは様々な情報があっても言い当てるのは難しいですよね。

ということもあり、量的データをいかに保有しているかがデータの分析の幅を決定するという事を覚えておきましょう。

■手元にあるデータを記述する：記述統計

さて、尺度を理解した上で、改めて記述統計について解説していきましょう。

記述統計は、データそのものの特徴を把握するための手法です。統計解析の主たる目的は、推測統計にあることは確かですが、手元にあるデータについてもしっかりと把握する必要があります。そのため、どのようなデータであっても、まずは記述統計を実行しましょう。

記述統計の進め方には、２つの方法があります。

一つは数値で把握するもの、そしてもう一つが視覚的にグラフや表で把握するものです。

■数値によるデータの特徴の表現：基本統計量（代表値）

数値による記述統計の代表は次のような指標です。これらの指標を元にデータの特徴を明らかにします。これらを基本統計量とも言います。

平均値（Mean）	それぞれのデータの合計をデータ数で割ったものです。 算術平均ともいわれます。また平均はデータの重心を表します。
中央値（Median）	データを小さいものから大きいものまで順に並べ、両端から１つずつ数えたとき、両側から同じ数だけ進んだ真ん中の値です。
最頻値（Mode）	もっとも多く出現する値です。
最小値	もっとも小さい値です。
最大値	もっとも大きい値です。

これらはデータの中心を図る指標として利用されます。

次のページに総務省が発表している平均貯蓄額の調査データがあります。これは、日本のそれぞれの世帯にどれくらいの貯蓄額があるのかを調査したレポートです。

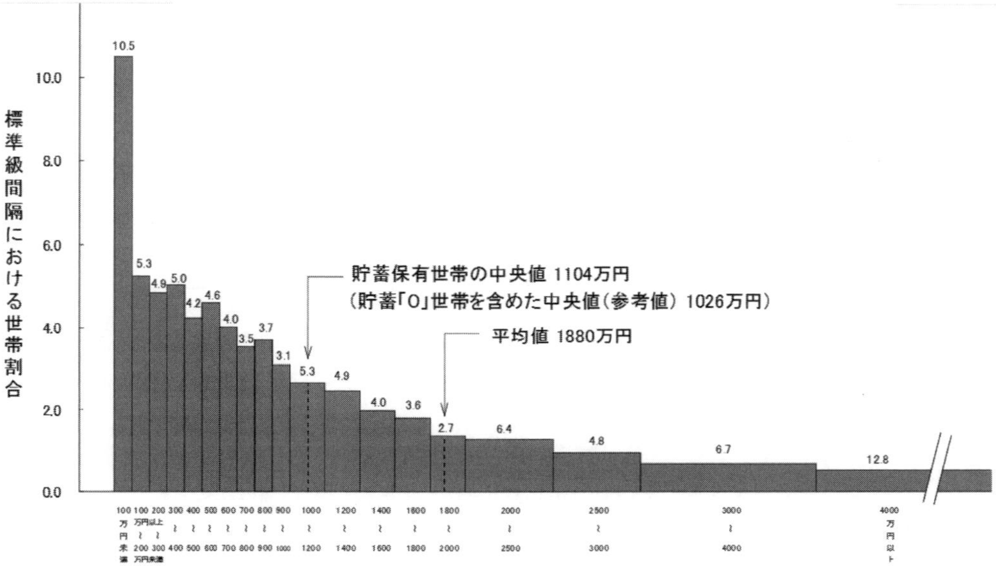

出典：総務省「家計調査報告」（2021）

このグラフから平均値は 1880 万円、中央値は 1104 万円であることがわかります。調査した人の貯蓄額を合計し、人数で割ると平均値は 1880 万円ですが、貯蓄額を多い順から一列に並べたとき、最も少ない人と最も多い人の両端から数えてちょうど真ん中の人の貯蓄額は 1104 万円であったということです。一部のお金持ちによって平均値を押し上げているのです。

このように、実際に代表値を算出した際にはデータのばらつきを表す分布を見る必要があるわけです。新聞や雑誌には、「平均」がついた各種統計調査結果がよく出ていますが、平均だけでその事象が明らかになるかどうかは、注意深く見なくてはなりません。重要なことは、それぞれの値を組み合わせて総合的に把握するということなのです。

それでは、量的データの記述統計についてもう少し詳しく見ていきましょう。簡単な例を考えてみます。手元に、11 名分の統計学とマーケティングの授業のテスト結果があるとしましょう。

No	氏名	統計学の テストの得点	マーケティングの テストの得点
1	A さん	60 点	100 点
2	B さん	70 点	90 点
3	C さん	80 点	100 点
4	D さん	90 点	40 点
5	E さん	100 点	30 点
6	F さん	50 点	50 点
7	G さん	60 点	80 点
8	H さん	70 点	60 点
9	I さん	60 点	80 点
10	J さん	80 点	90 点
11	K さん	70 点	70 点
合計	−	790 点	790 点
平均	−	71.8 点	71.8 点

それぞれの授業のテストの合計は、いずれも 790 点です。また、どちらも平均は 71.8 点です。この指標だけを見ると２つのテストは同レベルの難しさだったといえます。しかしながら、もう少し違う見方をしてみましょう。

まず、中央値を考えてみます。中央値は、データを小さい方から順に並べていったときに両側から数えて真ん中の値です。

統計学のテスト　　　　　：50, 60, 60, 60, 70, 70, 70, 80, 80, 90, 100
マーケティングのテスト：30, 40, 50, 60, 70, 80, 80, 90, 90, 100, 100

統計学のテストの中央値は 70 点、マーケティングのテストの中央値は 80 点です。さらに、最小値は 50 点と 30 点、最大値はどちらも 100 点というように、少し違った見方もできます。

重要なことは、よく目にする平均値だけではなく、違う指標でもデータを眺める必要があるということです。

■データの散らばりに注目する：分散と標準偏差

さて、平均値や中央値など基本統計量でも多くのデータの特徴を表すことができますが、それだけではデータの特徴を表しきれないことがあります。例えば、平均 20 歳の 5 人組がいたとします。この時、みなさんはどのような 5 名を思い浮かべますか？ 某アイドルユニットのように 20 歳前後の 5 人組も平均 20 歳の 5 人組です。次のパターンでも平均 20 歳で、中央値も 20 歳です。

平均 20 歳の 5 人組の例（どれも平均 20 歳、中央値 20 歳）
1）20 歳／18 歳／22 歳／23 歳／17 歳
2）1 歳／19 歳／40 歳／20 歳／20 歳
3）5 歳／5 歳／20 歳／20 歳／50 歳

先述の通り、平均 20 歳の 5 人組というのは、5 人の年齢の足し算が 100 になれば、どのようなパターンでも成り立つということを意味しています。それではこれのデータを同じように考えてよいのか、いやそうではありませんね。

そのため、データについては中央傾向を捉えることに加えて、ばらつきを捉える必要があります。その代表的な指標が、「分散」と「標準偏差」です。

分散は、次のような式で表現できます。

$$分散 = \frac{1}{n}\sum_{i=1}^{n}(x_i - \overline{x})^2$$

一見、難しそうな気もしますが、それほど難しいことはありません。まず Σ は、これは足すという意味です。下の部分の i=1 と上の n がついていますが、これは最初のデータから n 番目まで全部足すということです。また $\overline{x}$ は平均値のことを意味しています。わかりやすく日本語に言い換えると次のような式になります。

$$分散=\frac{\left\{\left(それぞれのデータ-平均値\right)^2\right\}の合計}{総データ数}$$

これでも少しわかりにくいですね。ひとつずつステップを踏んで求めていきましょう。

Step-1：平均値を求めます。($\bar{x}$の部分)

たとえばテストがあったとして、平均点をまず算出します。それぞれの点数を足し合わせて人数で割った値が平均値ですね。これが$\bar{x}$に該当する部分です。

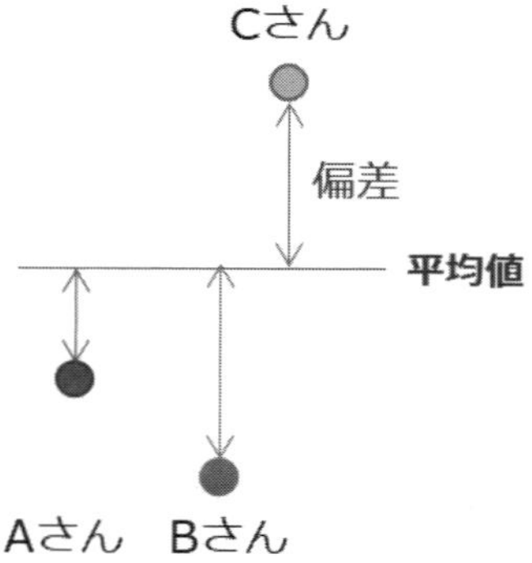

Step-2：かっこの中を計算。個々の値から平均値の差を求めます。

続いて、それぞれのデータと平均値との差（偏差）を求めます。例えばA、B、Cのそれぞれの点数の差が求まりますね。今回の目的はデータのばらつきを把握するということです。偏差を足し合わせればそのばらつき具体はわかりそうですね。

しかしながら、これらの偏差を足すとうまくいきません。Aさん、Bさんは平均値より低いのでマイナスの値を取るでしょう。またCさんはプラスの値をとるでしょう。またその値を足し合わせると0になってしまいます。これを回避するためには、値を2乗します。

Step-3：偏差の二乗を計算する

さきほどのカッコの中、つまりここの値と平均値の差をすべて 2 乗します。

イメージでいえば、つぎのようにそれぞれの値を掛け合わせたものになります。

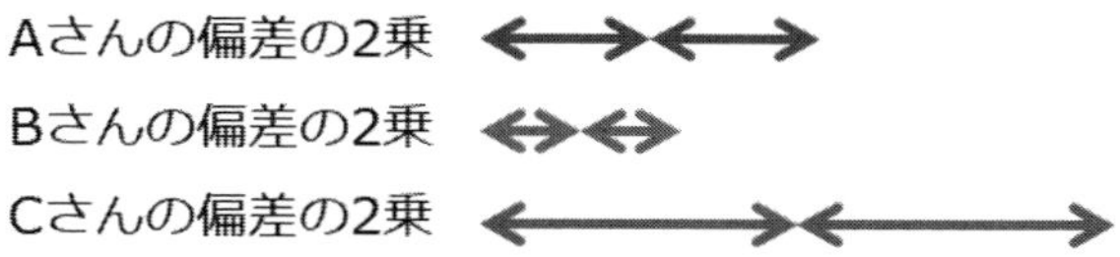

Step-４：偏差の二乗をすべて足し合わせる。

これはΣの部分に該当します。Step-3 でできた 2 乗値をすべて足し合わせます。つまり以下のようなイメージです。ここまででΣの右側の式が表現できました。

Step-5：できた二乗値の合計をデータの個数で割る

足し合わせた偏差の 2 乗値の合計をデータの個数で割ります。これが「分散」となります。

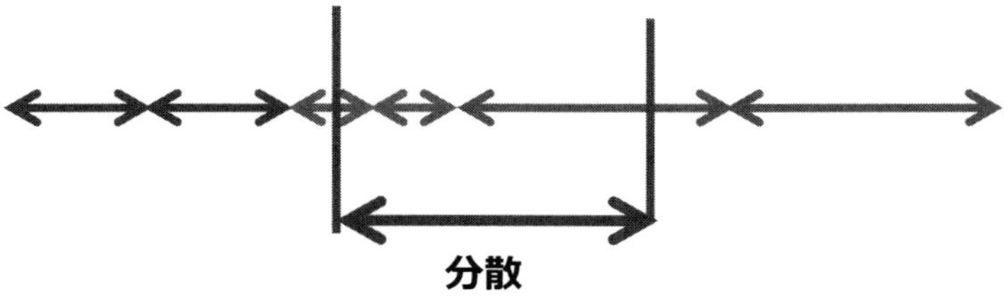

分散の値は、大きければ大きいほどデータのばらつきが大きいことを意味しています。これはデータが平均的に平均からどれくらいばらついているのかを示す指標です。

一方で、分散よりもよく利用される指標が標準偏差という値です。標準偏差は、分散の平方根をとったものです。

分散の値にルートをとったもの、これが標準偏差です。S.D と記載されているものです。

$$s^2=\frac{1}{n}\sum_{i=1}^{n}(x_i-\bar{x})^2 \quad \Longleftrightarrow \quad s=\sqrt{\frac{1}{n}\sum_{i=1}^{n}(x_i-\bar{x})^2}$$

分散　　　　　　　　　　標準偏差

なぜ、分散ではダメなのでしょうか？　それは、分散の値は前述のStep-3で値を二乗しました。単位を考えてみるとテストの点数の場合には、点の2乗値です。これが身長などの場合には、もともとｃｍという単位で考えていたものが分散になったとたん、㎠と単位が変わってしまいました。そのため分散の値だけを見ると、とても理解しづらいのです。

分散のルートをとることにより元の単位に合わせることが出来、理解しやすくなるために標準偏差を利用します。

このようにデータのばらつきを表す分散と標準偏差は、いずれかが計算できていればもう片方も計算が可能ということになります。

さて、ここまで量的データの記述統計について解説をしてきました。平均や中央値などのデータの中心を表す傾向値だけでなく、分散や標準偏差などのばらつきの値を見ることでデータの特徴を言い表そうというものでした。

次のページからは、質的データの特徴を把握する方法について解説をしていきましょう。

■質的データの特徴を見つけ出す：度数分布表

続いて名義尺度や順序尺度などの質的データの場合のデータの把握について確認していきましょう。名義尺度や順序尺度の場合には、基本的にはデータの数を数えることで状況を把握します。その際によく利用するのが、度数分布表です。

度数分布表：質的カテゴリデータのそれぞれの値が、どれくらいの件数、度数があるのかが把握できる表。

度数は英語で frequency または count といいます。度数分布表はそのカテゴリの値が、どのくらい頻繁に出現するのか、その値の個数を表します。また比率などでも表現することが可能です。

度数分布表は棒グラフとともに表すことにより、よりわかりやすくなります。アンケートでの満足度のデータや名義尺度のデータなどが対象です。

満足度	度数（人）
1：非常に不満	30
2：やや満足	40
3：普通	50
4：やや満足	40
5：非常に満足	50

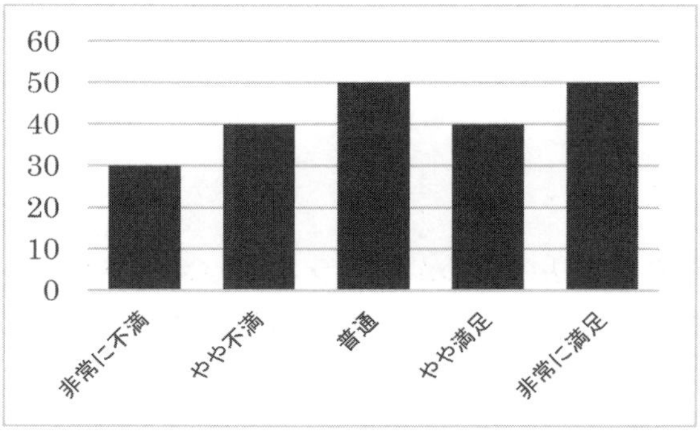

■グラフでデータの特徴を把握する

記述統計を行う際には、グラフによる表現も効果的です。データを視覚的に把握することにより、より多くの知見を得ることができます。

量的なデータによる記述統計と、質的データにおける記述統計について別々に解説しましたが、グラフについても量的データと質的データとで表現できる手法が異なります。まずは、それぞれのグラフの種類について見ていきましょう。

●棒グラフ（質的データに利用）

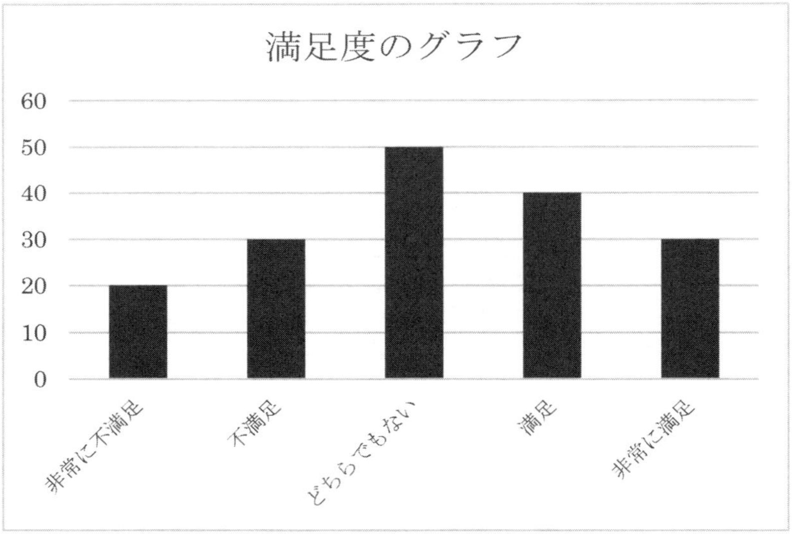

もっともポピュラーな表現方法の一つが棒グラフといえるでしょう。各項目のデータの個数をグラフ上で棒の長さとして表現します。なお、横軸（X 軸）は、名義尺度や順序尺度などでも利用可能です。度数分布表とともに多く利用されます。

●ヒストグラム（量的データに利用）

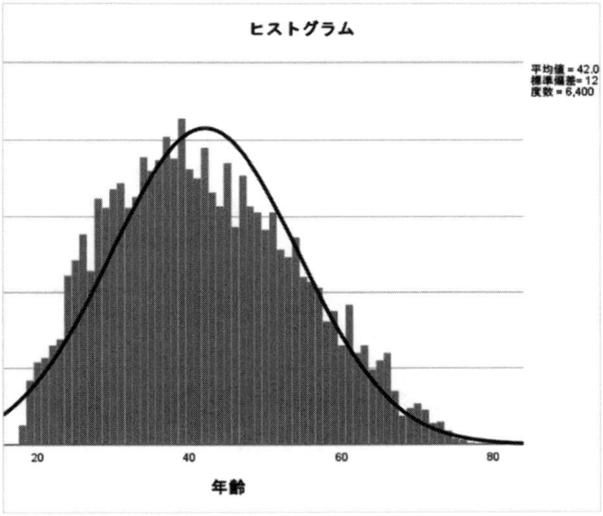

量的なデータにおけるばらつきを把握するためのグラフ、それがヒストグラムです。横軸には階級、縦軸に度数を表現します。なお、階級×度数の面積により大きさを表します。各柱の**面積**が度数を示します。高さが度数を表す棒グラフとは違うことに気をつけてください。なお、階級（横軸）は自由に設定することが可能です。たとえば、身長や年齢のデータの場合、人数が多くなればなるほど、1 cm きざみ、1 歳きざみに多くの人が存在することになります。そこで、それらの人々を 10cm きざみ、10 歳きざみでまとめて階級を作り、それぞれ横軸に並べて作成することも可能です。なお、先述の通り階級×度数の面積に意味がありますので、階級を変更した場合には、グラフの高さが変わることに注意しましょう。また、単なる棒グラフとは異なり、隣り合った柱を隣接させなくてはなりません。ヒストグラムはあくまでも階級を表しており、それぞれが繋がっているためです。

●散布図（量的×量的）

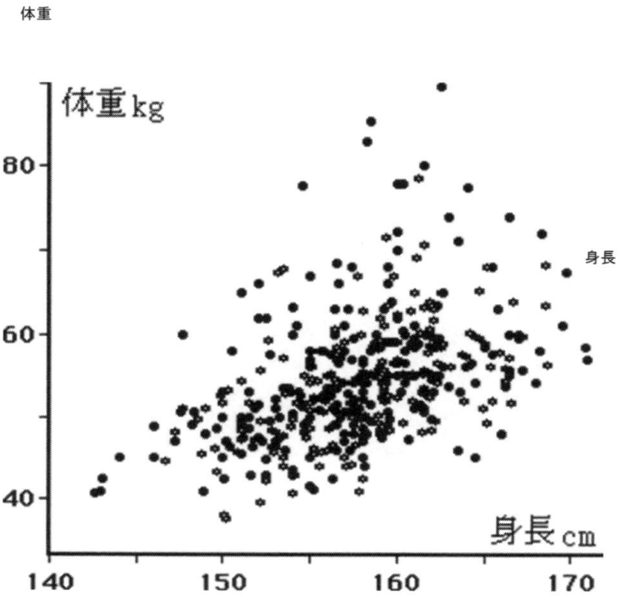

量的データと量的データの分布を可視化したものが散布図です。たとえば、体重と身長のデータをそれぞれ座標上にプロットしていくと散布図が完成します。度数を把握するためには、散布図上の点が多いほどデータ数が多い、つまり度数が多いと判断します。

なお、もう一軸を量的データで表現したものがバブルチャートです。以降に出てくる相関などを把握する際にも利用するグラフです。

●円グラフ

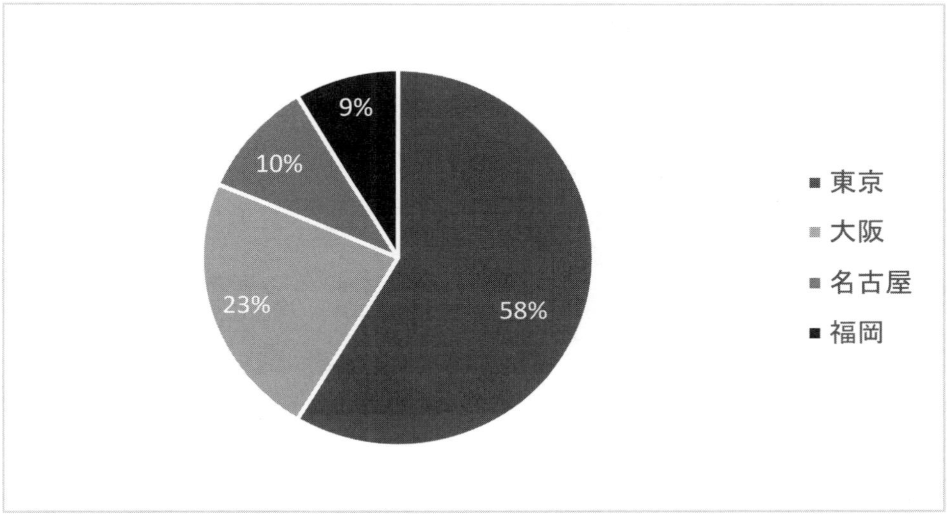

円グラフは、各カテゴリがどのくらいの比率を占めるのかを表現します。比率を見ることに意味があるもの、たとえば、性別や売上の構成などを検討する場合に利用するのが効果的です。棒グラフと円グラフ、どちらにするか迷うときには、項目の和が1、つまり100%になるときは円グラフを描きましょう。それ以外のときは、棒グラフを使います。

■推測統計について理解する

「推測統計」は難しそうな言葉ですが、皆さんが卒業論文や修士論文を書く際に行う分析手法の多くがこの推測統計に該当します。

推測統計には、「検定」と「推定」の２つのタイプがありました。ここで、先述の統計の考え方からこの２つの手法の考え方を把握していきましょう。いずれも母集団と標本という考え方をベースに行うものです。

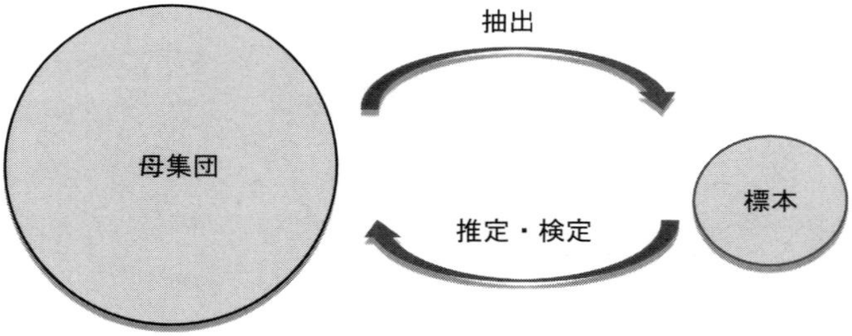

■推定について

推定は、英語で estimate と表し、手元にあるデータから全体を推測することをいいます。その推定にも種類が２つあります。ある一点を予測する点推定と、区間を推測する区間推定です。当然のことながら、区間ではなく一つの点を予測する点推定の方が、難易度が高いといえます。

実は、推定は多くの場面で利用されています。たとえば、皆さんが今日出会った 10 人のうち５人以上が風邪をひいていたとしましょう。多分、あなたは「風邪が大流行しているんだ」と思うはずです。これはわずか 10 サンプルから、母集団である日本国民の状態を予測したことになります。

また、料理を作るときに塩加減や味加減を確認するために鍋の中からスプーン 1 杯分だけすくって味見をすることがありますね。これもスプーン 1 杯の味から鍋全体の味を推定しているわけです。

ここで重要なことは、手元にあるサンプル（標本）が、全体（母集団）の一部であるということです。つまり手元にあるデータが母集団と同じような特性をもっていることが必要です。

母集団から無作為にデータを抽出することにより、標本と母集団が同じ特性をもつようにする方法を無作為抽出といいます。

なお、点推定は母集団の平均がわからなくても手元にある標本の平均から母集団の平均を推定する場合などに利用されます。点推定は、ある一点を予測するために誤差が生じる可能性があります。その誤差の範囲を推定することを区間推定といいます。

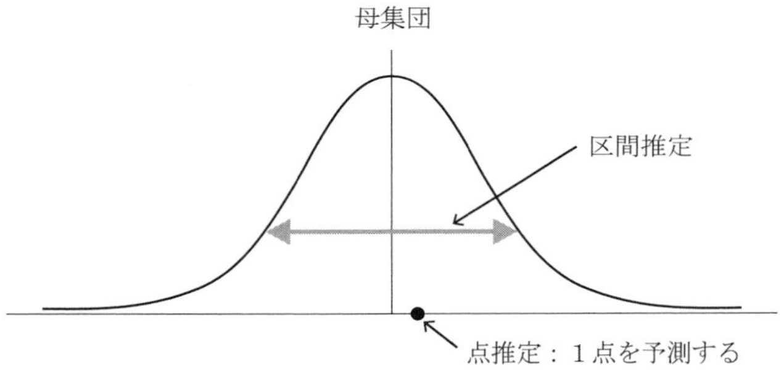

■統計的仮説検定を理解する

統計の勉強を進めていくと「検定」という言葉を多く目にするようになります。検定は、英語では test と表記されます。

統計の基本的な考え方については、母集団と標本との関係性であるということは述べました。検定とは、標本で起こっていることが、母集団でも起こるのかどうかを確かめる、つまりテストすることです。卒業論文や修士論文で行うアンケートは標本ですが、その標本の結果が全体として成り立つかどうかを客観的に把握するための手法なのです。

たとえば、大学 4 年生の就業意識について研究をしているとしましょう。皆さんの手元には、知り合いを通じて 100 件のアンケート結果が得られました。この 100 件のアンケート結果が、全国の大学 4 年生の意識を反映しているものかどうかを確かめるのが検定です。

つまりここでいう検定は、あくまでも手元にあるデータの結果が、知りたいこと全体を反映しているのかということを調べているのです。その仮説の確からしさについては語っていないことを注意してください。

さて、検定を理解することは統計処理を行う際に非常に重要であると考えます。なぜならば論文や研究発表を確認していただくとわかりますが、非常に多くの検定が記述されています。例えば、正規性の検定、ｔ検定、Ｆ検定、マンホイットニーのＵ検定、ウィルコクスンの順位符号検定、カイ二乗検定　など、今回のこの書籍でもこれだけ多くの検定を実行していくのです。しっかりと理解するようにしましょう。

さて、その検定ですが、持っているデータによって検定の手法も異なります。しかし、基本的な考え方は変わらないので惑わされないようにしましょう。

それでは、はじめに検定の考え方について解説を進めましょう。

検定における基本的な手順は次の通りです。

＜目的と前提＞

手元にあるデータ（標本）における分析結果が母集団においても同じような分析結果が起こるといえるのかを確認します。

＜検定の手順＞

手順①　２種類の仮説を立てる：帰無仮説と対立仮説

母集団において、標本で起こっている現象が起こらないという仮説を立てます。この仮説を帰無仮説といいます。つまり、母集団では起こらない珍しいことが標本で起こったので、この現象は無視してもよい現象であるという仮説です。H_0で表現されます。同時に、標本で起こっている現象が母集団でも起こるという仮説を立てます。これを対立仮説といいます。H_1で表現します。

なお、帰無仮説と対立仮説は相反する仮説です。

手順②　帰無仮説の状況における統計量を計算し、それに従う分布で起こる確率を計算する

帰無仮説が正しいとした場合、標本における分析結果が、母集団で起こる確率を計算します。まず、その現象における統計量を求めます。統計量とは、標本における平均値や分散、標準偏差などの総称です。検定における統計量（これを統計検定量といいます）の代表的なものは、次のようなものです。

・平均値の差の検定：t 検定量
・分散分析：F 検定量
・カイ二乗検定：カイ二乗値

それぞれの検定統計量は、数式が定義されています。その式に値を代入することで検定統計量を計算することが可能です。例えば、後章に記載をしていますが、平均値の差の検定の場合には次のような式が定義されています。

$$t=\frac{\overline{x_1}-\overline{x_2}-(\mu_1-\mu_2)}{\sqrt{s^2(\frac{1}{n_1}+\frac{1}{n_2})}}=\frac{\overline{x_1}-\overline{x_2}}{s\sqrt{(\frac{1}{n_1}+\frac{1}{n_2})}}$$

この式では、平均値と標準偏差、サンプル数があれば計算が可能です。なお SPSS では、この計算はコンピューターが実行してくれますので暗記する必要はありませんが、各検定統計量では何を計算しているのかくらいは理解しておいた方が皆さんの今後の統計生活において良いかと思います。

さて、統計量の計算は、検定の手法によって異なりますので、詳しくは後の章もしくは専門の書籍を確認ください。

手順③　検定統計量を分布にて確認し、確率を計算する

統計量を求めた後、その統計量が分布においてどの確率で起こるのかを確認します。

これは例えば偏差値とその分布と同じように考えると良いでしょう。つまり偏差値自体は計算式を元に算出しますね。また値が上位何％なのかは分布から計算されます。さて、そもそも分布とは何でしょうか？ データを多く収集し、その値をヨコ軸に、度数（件数）を縦軸にするとグラフができます。それが分布です。分布についてはこの後もう少し理解をしていくことにします。

手順④　その確率を元に帰無仮説を棄却するか、採用するかを判断する

統計量の計算と分布における確率が判明したら、その確率を元に帰無仮説と対立仮説のどちらの仮説を選ぶのかを判断します。一般的に５％以下の確率でその事象が起こる場合には、帰無仮説が間違っていると判断します。つまり、「５％未満の確率でしか起こらないとても珍しいことが起こった」と考えるのではなく、その仮説自体が間違っているとして帰無仮説を捨てます（棄却するといいます）。そして、対立仮説を採用します。

なお、５％未満という基準を棄却域といいます。検定統計量が棄却域の中に入り、仮説を棄却したときに「統計的に有意である」という表現をします。

■分布について理解をする

さて、仮説検定を行う際に検定統計量を分布で確認するというステップがありましたね。ここから少し分布について解説をしておきましょう。

■分布の代表選手：正規分布

さて、皆さんよく目にする分布の形、それが正規分布でしょう。正規分布とは、次のような左右対称の形をしている釣鐘型の分布のことです。一般に、データをある程度大量に収集した場合は正規分布に近づくといわれています。「サイコロを何回も投げたときの出目の合計の分布」／「全国の中学生の男女別の身長分布」／「大規模な模試の点数分布」なども正規分布であるといわれています。正規分布で、特に平均値が０、標準偏差が１の分布を標準正規分布といいます。

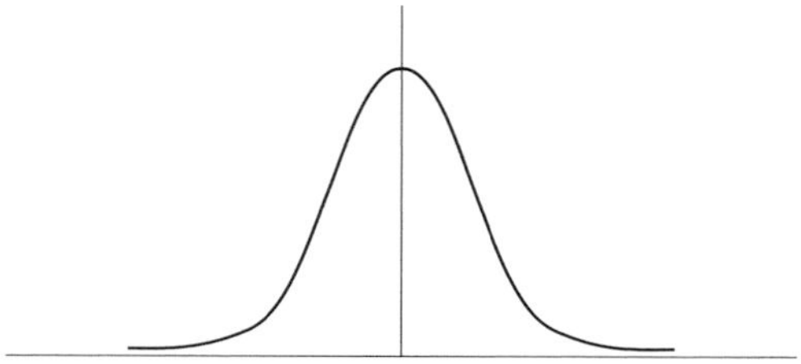

なお、上記の図のように、正規分布の曲線は、標準偏差が１のときにカーブが変わります。この正規分布は多くの統計領域で利用されます。一般に標準偏差がー１から＋１の間にはデータの約 68.27%が含まれ、±２の間には 95.45%、±３だと 99.73%が含まれるといわれています。

これらの考え方は、先ほどの検定で分布からその確率を算出した際に利用しました。このようにさまざまな分布から、その統計量を当てはめて、その事象が起こる確率を算出し、検定を行っていたのです。

なお、標本数が非常に大きい場合には、中心極限定理によりその分布は正規分布に収束するといわれています。

■平均値を見るときに利用するｔ分布

正規分布のほかにもさまざまな分布が存在します。平均値の差の検定を行う際に利用したのがｔ分布です。これはスチューデントのｔ分布ともいわれ、正規分布と似たような形をしています。

正規分布がデータそのものの集約であるのに対して、ｔ分布は母集団から標本を抽出した際の標本の平均値に関する分布です。なお、ｔ分布は、区間推定とｔ検定のどちらにも利用されます。

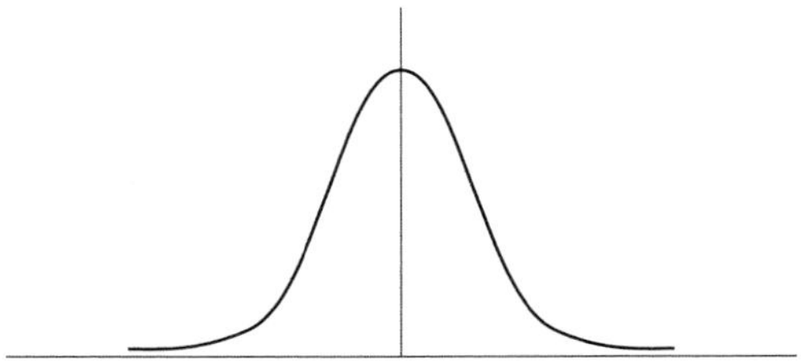

■一元配置分散分析や重回帰分析に利用されるF分布

正規分布、ｔ分布と同じようによく利用されるＦ分布は、母集団からランダムに標本を抽出したときの分散の比率に関する分布です。２つの標本分散、つまり標本のバラツキを割ったもの（比率として計算したもの）がＦ分布で、次のような形になります。

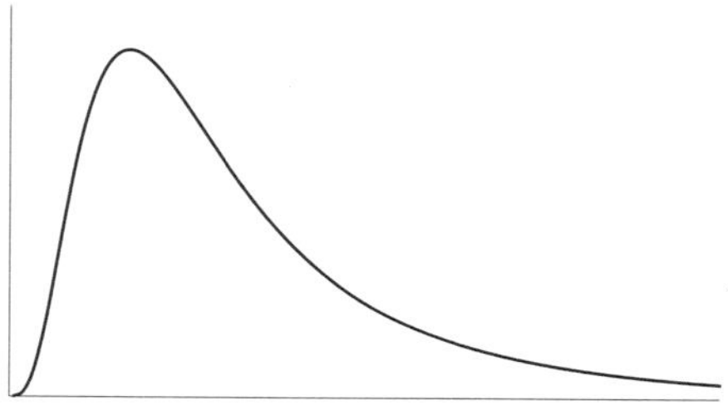

このように統計学の基本的な考え方のベースには分布が存在しています。

多くの場合、仮説検定において検定統計量を計算した後、その値を分布の横軸で確認します。各分布においては5%や１％と設定した有意水準の基準値があります。その値と検定統計量を計算した結果とを比較して、5%や1%の棄却域の中に入っているのかを確認するという際に利用します。

■仮説検定の例：2つのグループの差の検定

ここで、後の章で詳しく紹介する２つのグループにおける平均値の差の検定を例に、具体的に検定の考え方をおさらいしてみましょう。

ある学校では教材Ａと教材Ｂという２種類の教材を利用して授業をしていたとします。教材Ａの授業を100名、教材Ｂの授業を100名、合計200名の学生が受けています。この授業を受けた学生は、学期末に共通のテストを受けなければなりません。

この２つのグループからそれぞれ 20 名ずつを抽出し、テストの結果を比較したところ教材Ａのグループの方が、教材Ｂのグループよりも平均点が８点上回っていました。

そこで、「教材Ａのグループの方が教材Ｂのグループよりも平均点が高い」という仮説を立てたとします。この仮説は本当に正しいといえるのでしょうか？　あくまでも標本における差かもしれません。この２つのグループの平均点の差が、全体つまり 200 名の学生でも同じように説明できるのかを確認する必要があります。それが、統計における仮説を立てて検定を行うという行為です。

ここから検定を行う際の仮説の立て方を紹介しましょう。

手元にあるテスト結果では２つのグループの平均点には差が生じていますが、はじめに、「母集団において２つのグループの平均点には差がない」という仮説を立てます。これが帰無仮説です。今、手元で起こっている事象が母集団では起こらないと考えるのが帰無仮説です。

つまり、「差があるのではないか」という仮説を立てていたら、まず逆の「差がない（２つのグループが同質である）」という前提に立ちます。それに対して、「母集団において２つのグループの平均点に差がある」という仮説を立てます。これが対立仮説です。

帰無仮説 H_0：母集団において２つのグループの平均点には差がない
対立仮説 H_1：母集団において２つのグループの平均点には差がある

仮説を立てたら帰無仮説を前提として、ないはずの８点という差がどのくらいの確率で起こるのかを確かめる作業を行います。つまり、いま起こっている事象がどのくらい珍しいことなのかを確かめるのです。その上で仮説の正誤を検討します。この場合には、t 検定量を t 分布で確認をして、統計量が分布のどの部分にあるのかを確認します。

いま、その事象が５％未満の確率で起こったとします。100回のうち、５回未満しかその事象が起こらなかったのです。とても珍しいことが目の前で起こったといえるでしょう。
つまり、帰無仮説である「２つのグループの平均点に差がない」を前提とした上で、珍しいことが起こったのです。しかし、もう一つの仮説である「２つのグループの平均点には差がある」を前提とした場合、この目の前で起こった事象は珍しいものではありません。そのため、対立仮説を採用（帰無仮説を棄却）します。

このような一見、回りくどい手続きをするのが統計的検定の手順なのです。いわゆる背理法の考え方を採用しているのが仮説検定です。例えば、「カラスが黒い」を証明したい場合、いくら黒いカラスを持ってきたとしても、カラスは黒いとは言い切れません。すべてのカラスを捕まえるのは不可能ですし、可能としても非常にコストがかかるわけです。そこで起こりえない仮説を否定する手法を採用した方がコストが少なくても良いということになります。

なお、母集団において帰無仮説が正しいと仮定した場合の確率を有意確率といいます。有意確率が極めて低いときには対立仮説を受け入れます。なお、「有意確率が極めて低い」とはどれくらいでしょうか？　この場合、0.05（５％）という数字を下回るときには、帰無仮説は正しくないと判断します。このようなことを５％水準と表します。これはあくまでも一般論であって、製薬や医療関係などでは、１％や0.1％というより厳しい水準を採用する場合もあります。しかしながら、一般的には５％以下で起こりうることは非常に低いものですので、５％という水準を採用しています。

さて、ここまで検定の考え方について解説を進めてきました。この検定の部分が非常にややこしい考え方になっていますので、わからない場合にはゆっくり考えてみましょう。

■統計には間違える可能性がある：２種類の過誤

なお、検定を行う際には、２つの誤りがある場合が考えられます。これを２種類の過誤といいます。

仮説検定を実施し、５％水準で有意に差がある、という結果が得られたとします。ただし、「差がある」ということを 100%証明することはできません。仮に帰無仮説が棄却されても、帰無仮説が正しい場合も考えられます。つまり、とても珍しいことが実際に起こっている場合です。このように、本当は差がないときに“差がある”と判定してしまうことを第一種の過誤といいます。

また、本当は差があるのに、帰無仮説を採用して“差がない”と判定してしまう場合も考えられます。これを第二種の過誤といいます。

検定はあくまでも確率的に差があるかないかを判断しているにすぎないのです。そのため、常にこれらの誤りが起こる可能性があることを意識して利用しましょう。

なお、検定によって帰無仮説が成り立つ確率が有意水準未満の範囲になれば、「有意に差がある」のように判定します。この５％や１％未満の範囲のことを棄却域といいます。

■標準誤差

統計は母集団から標本を抽出し、標本から母集団の特性を把握したり、予測をしたりすることは述べました。そこで、母集団から得られた標本の平均値で考えてみると、たとえば母集団から 100 回標本を抽出したときの、標本の平均値と母集団の平均値との差分の標準偏差、つまりバラツキが標準誤差です。

もう少し詳しく解説すると、母集団から標本を何回も抽出した場合、それぞれの標本の平均値が算出されます。100 回標本を抽出すれば、それぞれの標本の平均値が存在しますね。その平均値を並べてみると分布ができます。この「標本の平均」の分布は、正規分布に近くなる傾向があるといわれており、これを中心極限定理といいます。また、この標本平均の平均は、母集団の平均値（母平均）と一致するといわれています。この標本の平均の分布における標準偏差、つまりバラツキのことを標準誤差と呼んでいます。

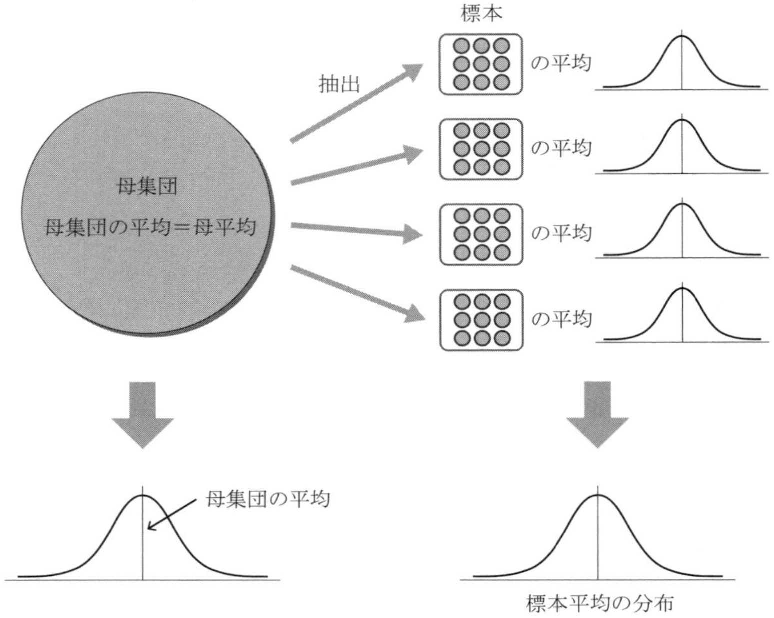

なお、標準誤差（standard error、略して SE）は、$\frac{\text{標準偏差}}{\sqrt{\text{標本数}}}$ と表現できます。

少し難しいかもしれませんが、これを展開すると、次のようになります。

$$\text{標準偏差} = \sqrt{\frac{\left\{\left(\text{それぞれのデータ} - \text{平均値}\right)^2 \text{の合計}\right\}}{\text{総データ数}}}$$

$$
\text{標準誤差}=\frac{\dfrac{\left\{\left(\text{それぞれのデータ}-\text{平均値}\right)^{2}\text{の合計}\right\}}{\text{総データ数}}}{\dfrac{\sqrt{\text{標本数}}}{1}}
$$

$$
=\frac{\left\{\left(\text{それぞれのデータ}-\text{平均値}\right)^{2}\text{の合計}\right\}}{\text{総データ数}}\times\frac{1}{\sqrt{\text{標本数}}}
$$

たとえば、100回標本を抽出する場合、標準誤差は標準偏差の10分の1となります。400回標本を抽出すれば、その値は20分の1になります。つまり、多くの回数標本を抽出すればするほど、その標本自体のバラツキは小さくなる。これは標本の確からしさが増していくことを意味しています。

この標準誤差は、母平均（母集団の平均）の推定や平均値の比較を行う際に利用されます。また、ある程度の範囲をもって母集団を推定する区間推定、信頼区間（統計的な確かな区間）、を求めるためにも利用されます。

■分母を $n-1$ と表記することについて

前述の標準偏差や分散の式について補足があります。多くの教科書では、分母の部分をデータの個数 n ではなく、$n/n-1$ と表記しているものもあるでしょう。

今回、前提として紹介したもの、n 個を分母とした計算は、標本での平均、分散です。これを標本平均、標本分散といいます。一方、標本で得られた分散、いわゆる標本分散は、母集団における分散、母分散と値がずれることがわかっています。そのため、それを補正するという目的で $n/n-1$ という値で分母を割る作業を行っています。詳しくは各教科書等に譲りますが、このようにして求められた分散を、不偏標本分散といいます。値は標本分散を $n/n-1$ 倍したものです。

統計手法の選択

さて、統計の基本的な考え方を理解した上で、どのような統計処理を選択するべきなのか。統計解析には非常に多くの手法があります。そのためどのような手法を選択するべきかを悩まれることもあるかと思います。しかし、統計処理の選択は、それほど難しいことではありません。

ここからは、まず統計処理のステップについて解説をし、良く利用される分析手法について紹介をしていきましょう。

全体の流れとしては、尺度などを把握する「データの整備」からはじまり、平均値や中央値、標準偏差やグラフなどを作成して記述統計を実行します。その後、単変量解析そして多変量解析を実行していきます。

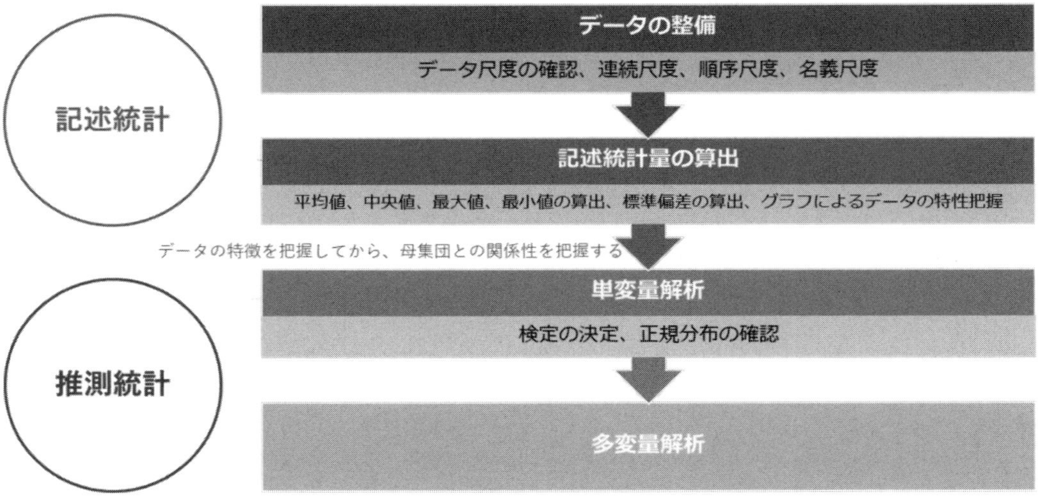

研究したいテーマのためにいきなり多変量解析を実行したいという気持ちもあるかと思いますが、データ分析は記述統計から始めてまずは各変数のデータの様子をしっかりと把握したうえで知見を蓄積し、推測統計を実行していきます。

つまり記述統計や単変量における分析は、どのようなテーマであっても、どのようなデータであっても通る道です。その上、いざ多変量解析を行うという際には、いくつかの手法群が存在します。どのような手法を選択すべきか。

まずは分析の目的を考えてみましょう。皆さんの研究やビジネスにおいて、分析を行う目的があるはずです。研究者の方であれば、研究計画の段階でどのようなデータを取得すべきか、どのような分析を行うのかはある程度決定しておく必要があるでしょう。

次に研究領域などでよくある分析のテーマを記載しておきましょう。皆さんが見たい分析結果は以下のいずれかに該当するかと思います。それぞれに分析手法が決まっていますので、まずは行いたい分析のテーマを決めてあとは手法を選択するだけです。

＜よくある分析のテーマ＞

1. **ある項目同士の関係性を把握する**
    1. **量的データ：相関分析**
    2. **質的データ：クロス集計表&カイ2乗検定**
2. **ある項目を他の変数で説明する。影響のある要因を見つける**
3. **変数間に共通要因を捉える。項目をまとめる**
4. **人やケースをグループにまとめる**
5. **群間（グループ）の比較を行う**

シンプルな分析としては、1の項目間の関係性を把握する手法があります。質的変数同士の場合には、クロス集計とカイ二乗検定を、量的変数同士の場合には相関分析を行います。これらは基礎集計や記述統計と共に実行する基礎的な手法といえます。

■ある変数を他の変数で説明する。影響のある要因を見つける手法群

いわゆるある項目について、他の変数で説明をする手法群が該当します。目的変数（Y）を複数の独立変数（X）で説明する回帰分析をはじめとする手法が該当します。詳細の分析手法の選択は、目的変数（Y）、独立変数（X）ともに尺度の種類と組み合わせによって手法が異なります。一方、目的は一緒です。Y をいかに X で説明できるか、また Y に影響のある X は何かを分析します。

この領域の分析は、現在非常に多くの手法が存在し、日々改良がなされ新しい解析モデルが誕生している領域でもあります。

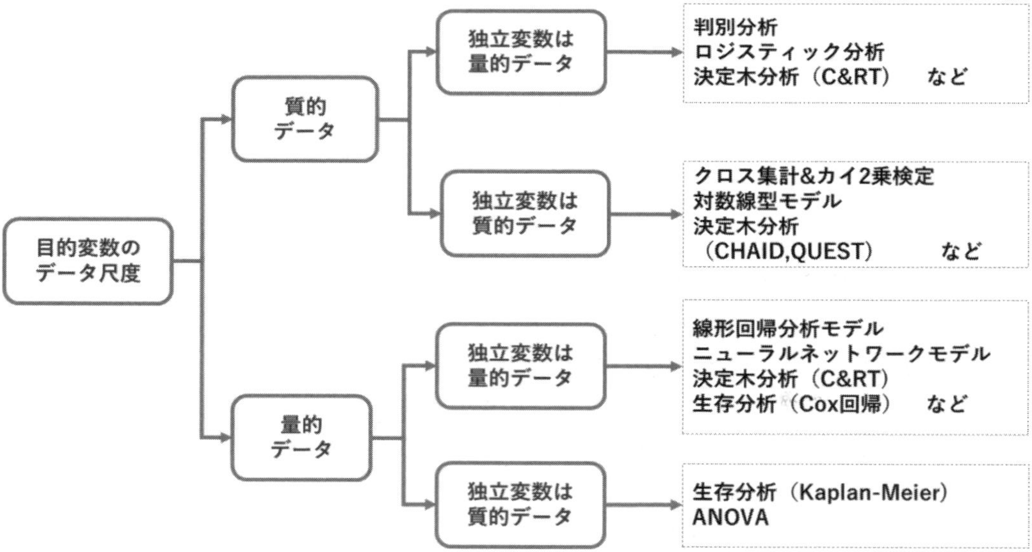

■変数をまとめる，もしくは背景にある因子を抽出する

変数をまとめる・わける

	Q1	Q2	Q3	Q4	Q5
Aさん	5	4	3	5	3
Bさん	3	4	5	2	3
Cさん	3	5	4	3	2
Dさん	1	5	3	2	1
Eさん	5	4	-	3	2
Fさん	2	3	3	3	3
Gさん	4	5	4	3	2

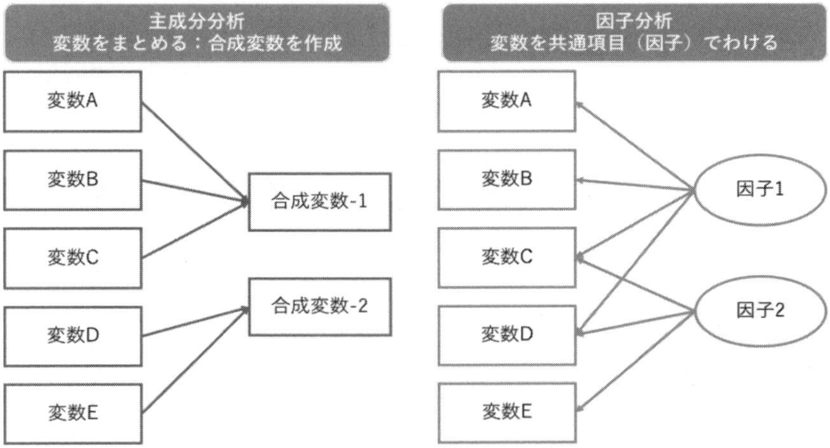

アンケート分析などにおいて、取得した項目を集約したり背景にある概念を抽出したりする手法群です。具体的には変数を集約する主成分分析と共通概念である因子を抽出する因子分析が該当します。なお、主成分分析と因子分析は後の章で解説していますが異なる分析手法です。

■人やケースをまとめる：クラスタ分析

先ほどの主成分分析と因子分析が変数をまとめる手法であったのに対して、ケース（行）をまとめる手法がクラスタ分析です。クラスタ分析には大きく分けて階層構造としてクラスタを理解可能な階層クラスタと階層がない非階層クラスタが存在します。詳しくは第 7 章で解説します。

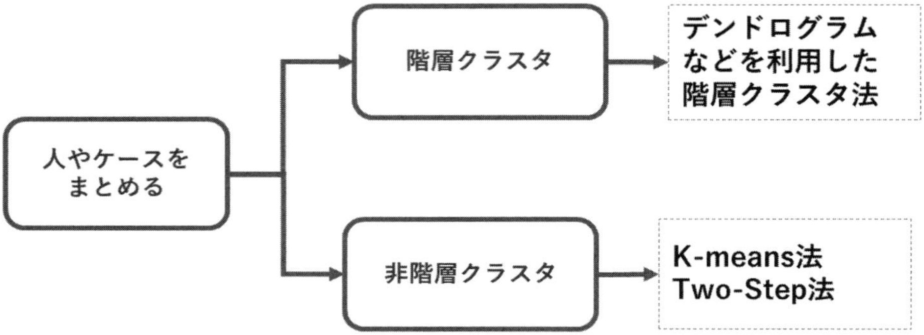

人やケースをまとめる

	Q1	Q2	Q3	Q4	Q5
Aさん	5	4	3	5	3
Bさん	3	4	5	2	3
Cさん	3	5	4	3	2
Dさん	1	5	3	2	1
Eさん	5	4	-	3	2
Fさん	2	3	3	3	3
Gさん	4	5	4	3	2

■グループの比較

研究領域におけるデータ分析において、非常に多く利用される分析手法がこの分析手法です。グループ間の差を検定するのか、同一被験者の前後や3地点での影響を検定するのか、またグループ数や地点の数によって手法が異なります。

これらの手法群は、データが正規分布している場合にはパラメトリックの手法を、正規分布していない場合にはノンパラメトリックの手法を選択します。

そのためこれらの分析を行う際には、はじめに正規性の検定を行った上で手法を選択するようにします。

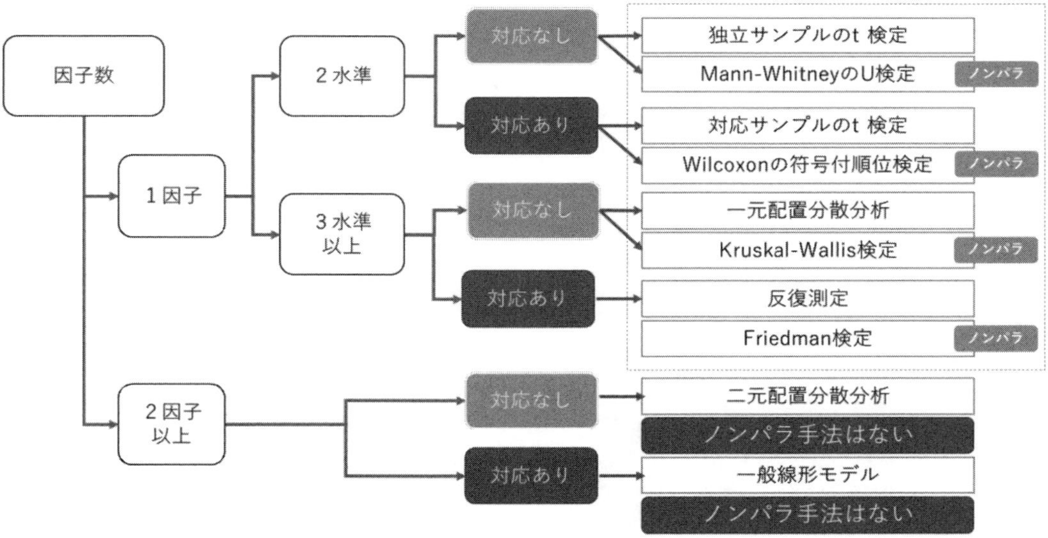

ここまで紹介してきた分析手法の他にも多くの手法が存在します。今回、本書で実行していく分析手法をマスターした上で必要に応じて新しい手法を勉強していけばよいでしょう。まずはこれからの手法群をマスターして、分析の第1ステップをクリアしていきましょう。

実　践　編

第 0 章 SPSSのインストール方法

まずはインストールの方法について紹介しましょう。本書では、SPSS Statistics 29を前提としています。SPSS Statistics（以下、SPSSといいます）を実行するためには2つのステップがあります。はじめにソフトウェアのインストールが必要です。続いてそのソフトウェアを利用するためのキー（ライセンス認証）を適用します。ライセンス証書キーの中に、利用期間やオプション製品の制限などの情報が含まれており、キーを適用することではじめて利用することが可能です。

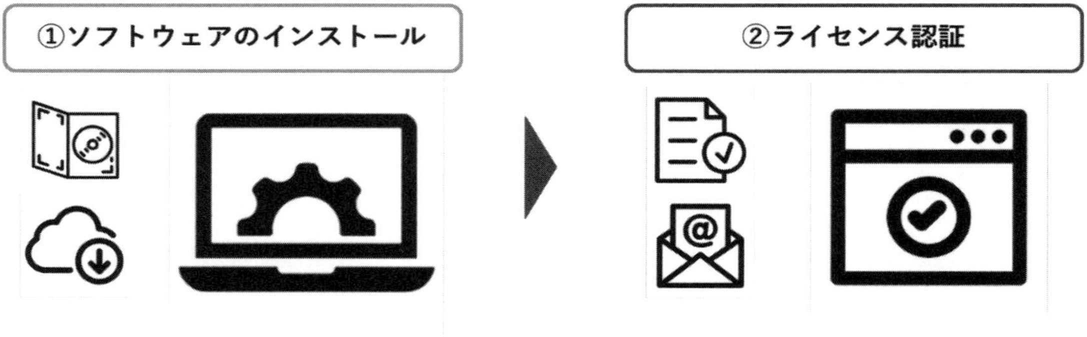

【インストールとライセンス認証の際に必要なもの】

・**ソフトウェアインストール**

DVDの場合には、DVDを利用してインストール

ダウンロード版の場合には、インストールファイルをダウンロードしましょう。

・**ライセンス認証コード**：AuthCode: XXXXXXXXXXXXXXXXXXXX（英数20桁）

ライセンス認証キーの記載のある証書。20桁のコードが必要です。

販売店やIBMからのメールに記載されています。

DVD版の場合には、DVD内に差し込まれています。

0−1 インストール前の注意点

インストールの前に、使用するパソコンの環境を確認しましょう。SPSS Statistics 29 では、次の環境のパソコンにインストールすることが可能です。いずれも 64 ビット対応 OS のみで稼働します。

SPSS 動作環境

	Windows	Macintosh
オペレーティング・システム	Windows 11 Pro Windows 10 Education / Enterprise / Home / Pro Windows Server 2019 Windows Server 2012 R2 /Windows Server 2016	macOS Monterey 12.0 macOS Big Sur 11.0 macOS Catalina 10.15 macOS Mojave 10.14 macOS High Sierra 10.13
CPU	1GHz 以上の Intel または AMD プロセッサ。 4GB 以上の RAM。64bit マシンの場合には 8GB 以上を推奨。 2GB バイト（MB）のハード ディスク空き領域。 インストール メディアを使用する場合は、DVD ドライブ。	2GB 以上のハードディスクの空き容量。 4GB 以上の RAM。64bit マシンの場合には 8GB 以上を推奨。

＊ソフトウェアの動作環境は変更となる場合があるので、詳しくは IBM 社の Web サイト等で確認してください。

IBM SPSS 製品のインストールに関する情報

●SPSS テクニカルサポートページ

https://ibm.com/support/pages/spss 製品サポート

●SPSS 製品購入時に届く書類等の情報について

「SPSS 製品　購入時に届く資料について」ページにて紹介しています。

(「SPSS 製品 購入時 資料」で検索)

http://www-01.ibm.com/support/docview.wss?uid=swg21685505

0−2 インストールをしよう

■インストールの手順

【手順１】DVD もしくはインストーラをダウンロードしたフォルダを開く。

【手順２】インストーラを起動します。

Windows 上でインストールする場合には、インストーラのアイコンの上でマウスを右クリックし、［管理者として実行］を選んでください。

Windows 10/11 →　［SPSSSC_29.0_MP_ML.exe］

Macintosh の場合 →　［SPSSC_Statistics_29.0.0_mac.pkg］

バージョン 28 がインストールされている場合には、上書きがされます。警告がでますがそのまま次へを押しましょう。

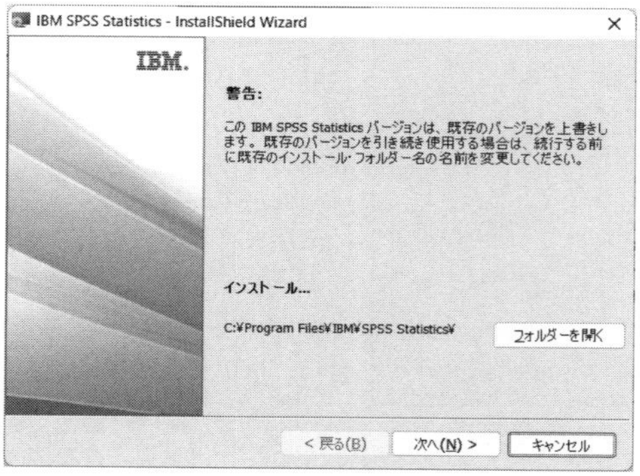

【手順 3】　［使用許諾契約］が表示されます。ソフトウェアの使用に関する条件が表示されます。［使用条件の条項に同意します。］をチェックし、次へ をクリックします。

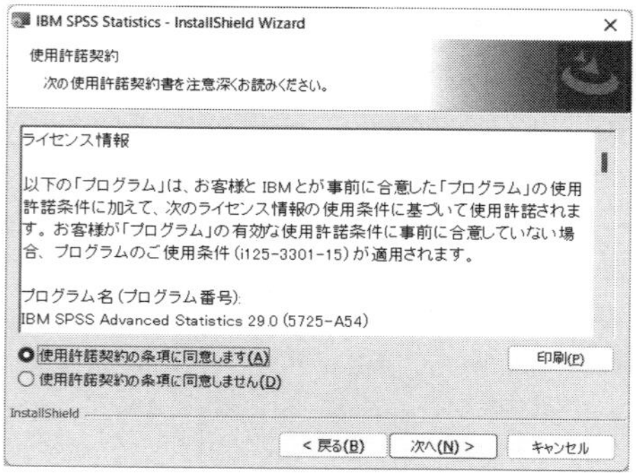

【手順4】　続いてインストール先のフォルダを選択します。通常はインストール先を変更しないで、 次へ を押します。インストール先を変更する場合は、右側の 変更 を押し、インストール先のフォルダを選びます。

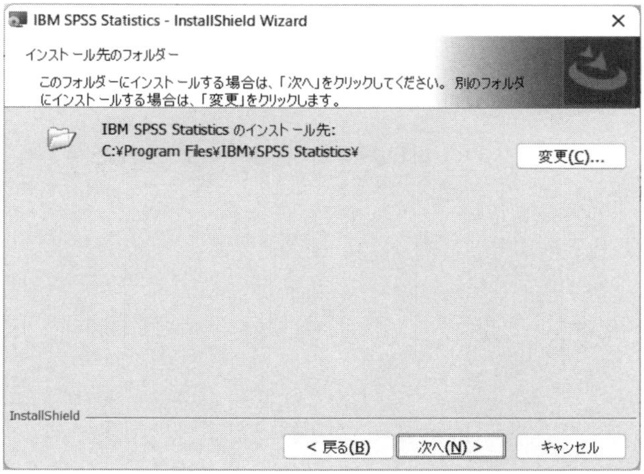

【手順5】　IBM SPSS Statistics 29のインストールが開始します。終了するまで、しばらく待ちましょう。

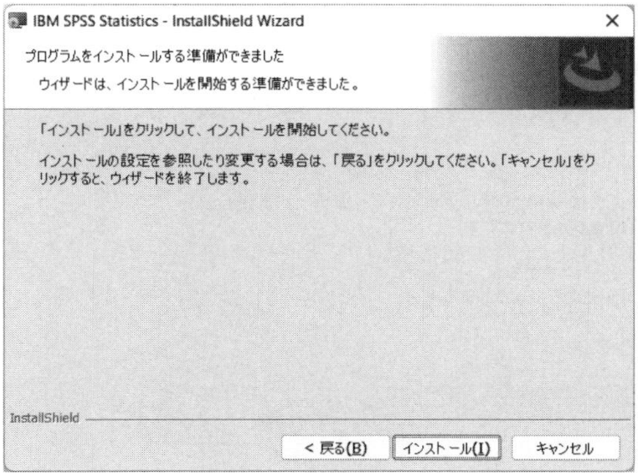

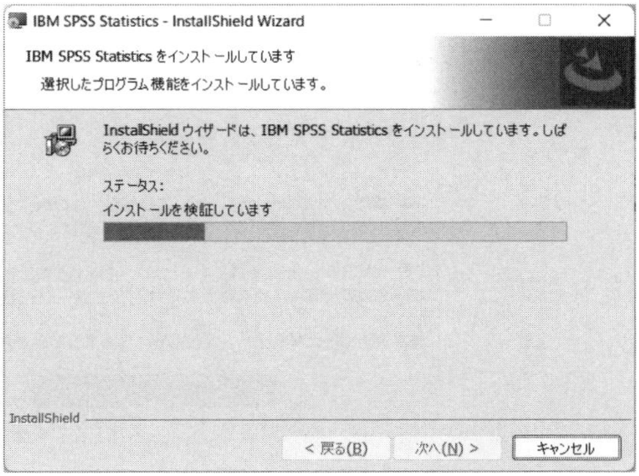

＊インストールの途中、コマンドプロンプトの黒い画面が出てきますが問題ありません。

【手順 6】　インストールが完了しました。続いてライセンス認証を行います。「プログラムの起動」にチェックを入れて「完了」を押します。

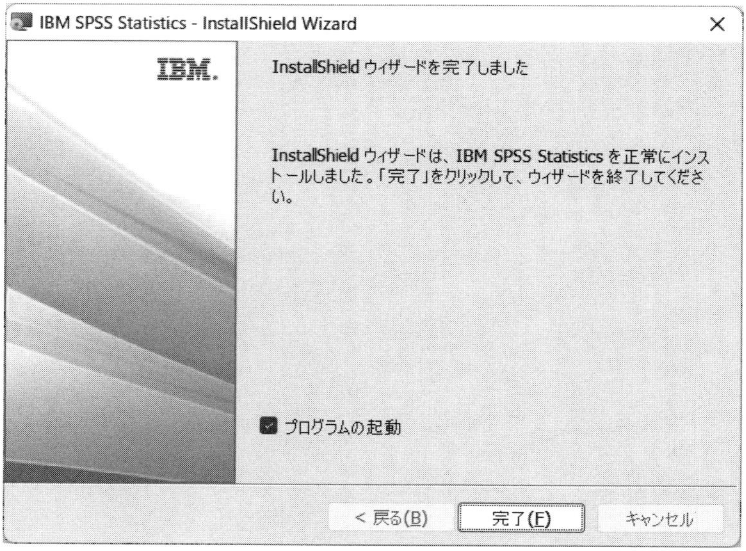

【手順 7】　ライセンス認証の画面が出たら、**「ライセンスウィザードの起動」**をクリックします。

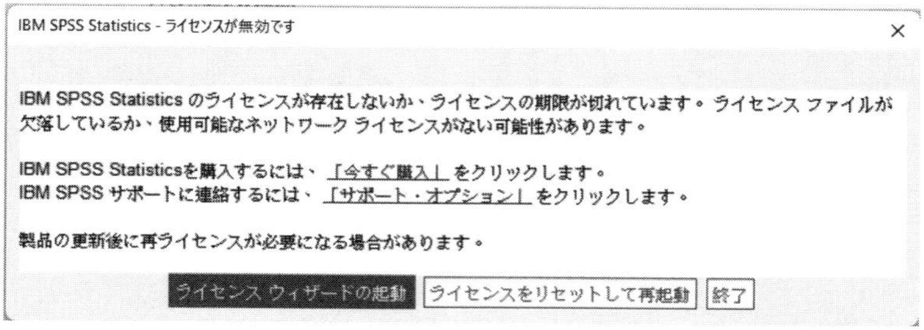

【手順 8】　ライセンス交付の画面が出たら、通常は「許可ユーザーライセンス」を選択し「次へ」をクリックしましょう。

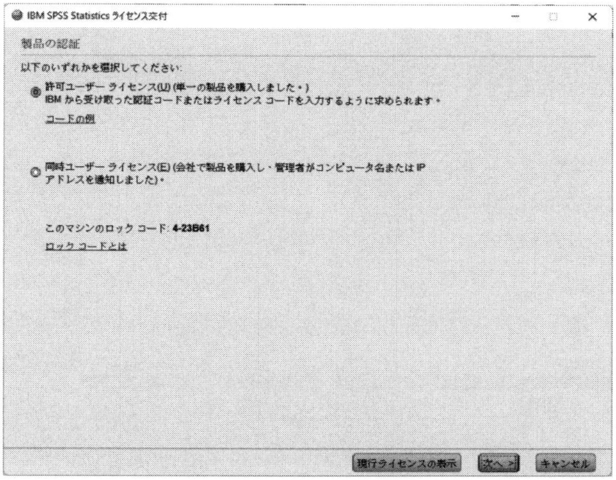

【手順 9】　［コードを入力］の画面で、購入時に割り当てられたライセンス認証コードを入力します。完了したら 追加 をクリックします。複数オプションをお持ちの場合には、Base のコードを入力し、続いてオプション製品を追加していきます。

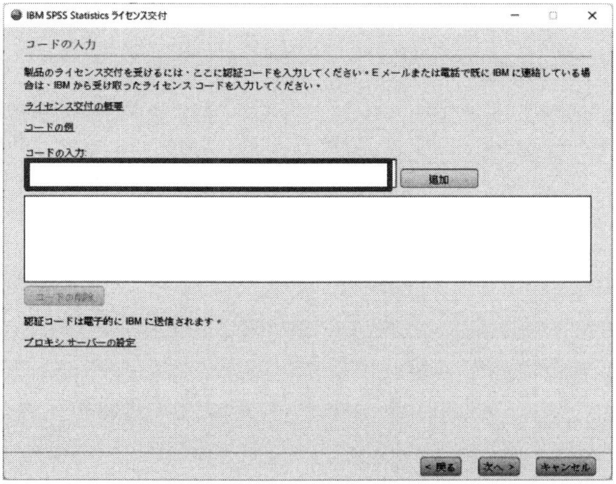

【手順 10】　［インターネット認証状況］の画面が表示されるので、認証を待ちます。認証されたら、次へ を押します。

【手順 11】　［ライセンスの交付が完了］の画面が表示されたら、終了 を押します。これでインストールは終了です。パソコンを再起動したら終了です。

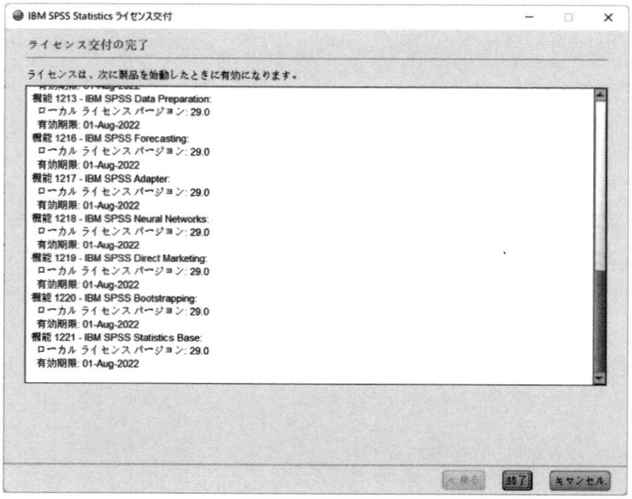

第1章 SPSSを始めよう

ここからは、SPSSの操作手順やチェックポイント、注意点を紹介します。本書を読みながら一緒に操作をしていきましょう。なお、使用するデータは、アンケート調査のサンプルのデータを利用します。「SPSS超入門.xlsx」を利用します。東京図書のウェブサイトよりアクセスし、ダウンロードして利用ください。さあ、SPSSをはじめましょう！

1−1 SPSSによる統計処理のステップ

さて、SPSSを利用した統計解析の大まかな手順をご紹介しましょう。

SPSSで分析を行う際には、大きくわけて6つのステップがあります。Step-1)SPSS用データの準備、Step-2)データ読込、Step-3)データの定義、Step-4)データ加工と準備、Step-5)分析とグラフ作成、そしてStep-6)レポート作成です。分析というとStep-5をすぐに行いたいところですが、実際に分析を行う際にはStep-1から4までの手順を踏んでようやく実行ができるようになります。

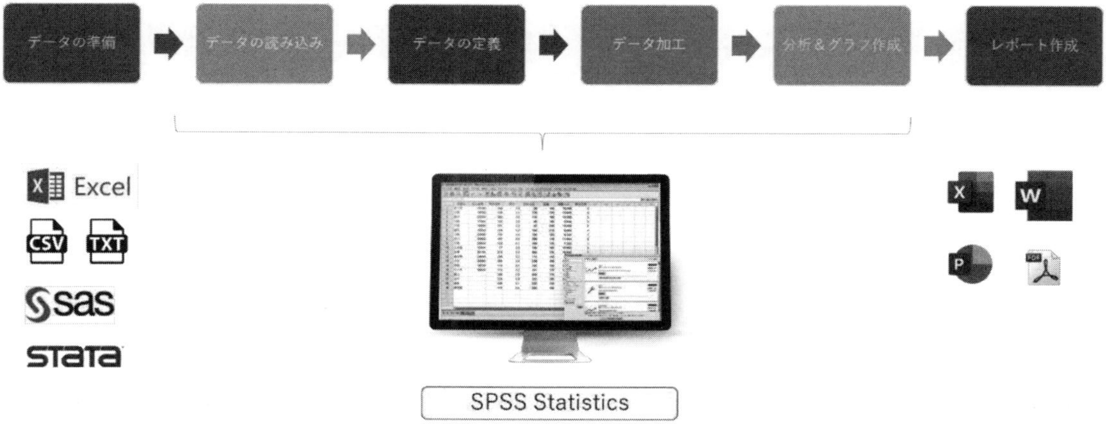

また、SPSSを利用する上で覚えておきたい項目について解説します。なお、ここからの表示や画面イメージは、SPSS Statistics 29とWindows 11を前提としています。各OSによって若干の表示の違いがあるのでご注意ください。

■SPSSの起動方法

まずはSPSSを起動してみましょう。スタートボタンから、［IBM SPSS Statistics］を選び、SPSSを起動します。インストールをしたときと同じように、右クリックして［**管理者として実行**］から起動してください。

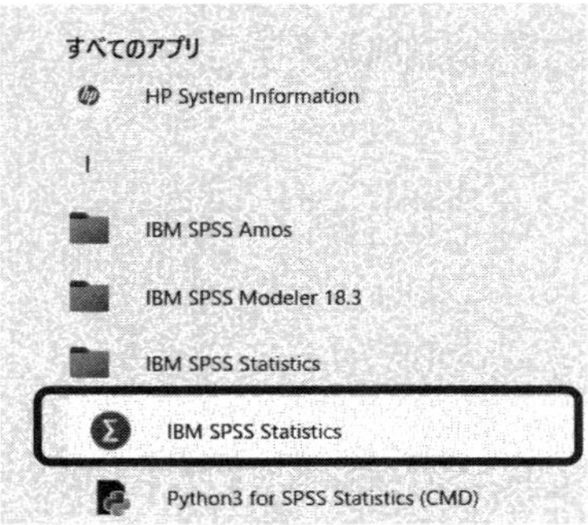

起動すると「SPSS Statisticsへようこそ」という画面が表示されます。

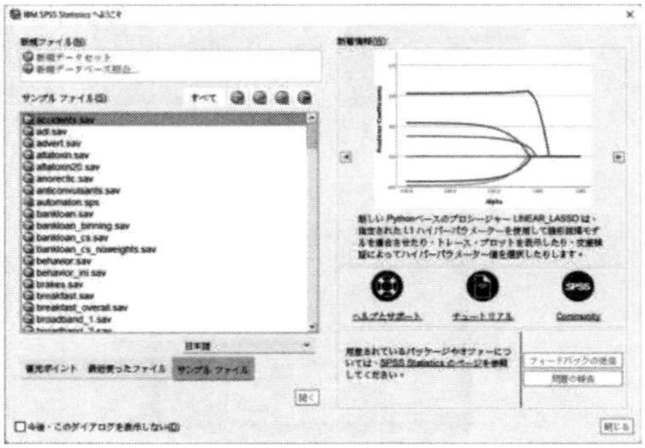

最近使ったファイルやサンプルファイルなどのデータの情報と共に新着情報やよく利用する機能、ヘルプやチュートリアルなど、さまざまな情報が得られます。わからないことがあっ

た場合には参照しましょう。閉じる を押してウィザードを閉じます。
「閉じる」と SPSS の本体の画面が表示されます。

■SPSS の画面構成

SPSS では大きく分けて 2 つの画面を操作しながら分析を実行していきます。それがメインとなる「データビュー」「変数ビュー」画面と「出力ビュー」画面です。メインとなるデータビューは、エクセルのような表計算ソフトとよく似ていますが、2 つの画面が存在します。

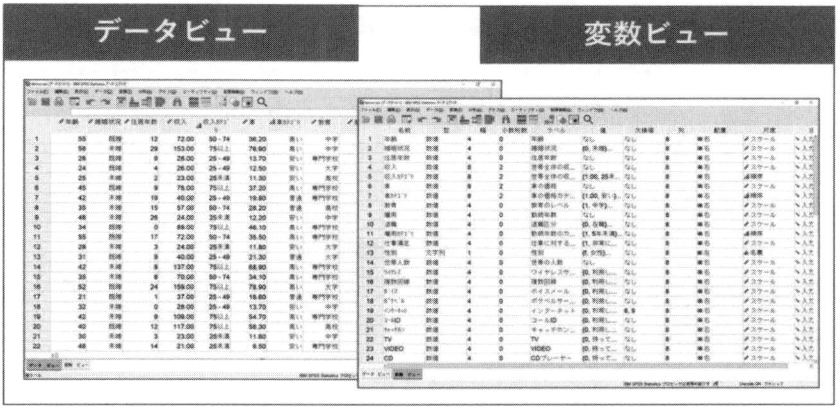

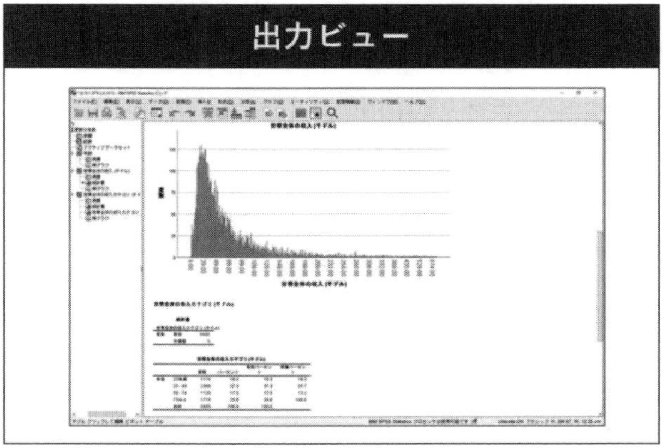

■データビューの基本画面

① **メニュー**　：データ分析に必要な項目が表示されています。ファイルの読みからデータ加工、分析やグラフ作成などここから必要な項目を選択し、実行します

② **ツールバー**　：よく利用される機能が表示されています

③ **データビュー**：分析対象となるデータが表示される画面

④ **変数ビュー**　：各変数のさまざまな設定をする画面

SPSS では、行（横）のことを**「ケース」**、列（縦）のことを**「変数」**といいます。基本的には一人の人が一行に入るようにデータを用意します。

なお、SPSS では、表計算ソフトウェアのように列の合計をデータ内に表示させることはできません。すべての分析結果やグラフはデータビューの中ではなく、分析結果を表示する「出力ビュー」に表示されます。

1−2　SPSS での読み込みデータの準備

Step‐0：読み込みデータの作成

SPSS は、Excel や CSV などのデータを読み込んで分析を行います。それではその読み込み用のデータ自体はどのように作成するべきでしょうか？ 多くの方が、アンケートのデータや臨床データ、資料をまとめたデータなどを SPSS ファイルとは別にお持ちのことでしょう。ここからはアンケートデータを例として、どのように作業ファイルを作成するべきかについて解説を進めていきましょう。

どのようにデータを用意すればよいのか、その答えは **SPSS で表示される形式と同じ形式でデータを用意する**こと。つまり、アンケートデータの場合には、一人ひとりの回答者が一行ずつのデータとなっており、列（変数）は、アンケートの回答項目（性別や各質問項目）となるようにデータを持つということです。

その際のポイントは次の通り。

1. **データはなるべく数値として準備しましょう。（文字列の場合には統計処理が一部できないため）**
2. **用意するデータは、SPSS Statistics で分析する際と同様の形式（1 レコードに 1 人）にしましょう。**
3. **最初の先頭行が変数名となります。読み込みファイルでは 1 行目に変数名となるよう設定しましょう。**

具体的にいくつかの例を元に SPSS データファイルの作成について解説をしましょう。ここからの操作は皆さんの調査票を手元に置きながら作業をすればより理解が進むでしょう。

さてアンケートにはいくつかの構成要素があると思いますが、まずはデータの入力フォーマット（キーパンチ）はマイクロソフトの Excel がおすすめです。複数人数でキーパンチをする際には Google スプレッドシートなどを利用して複数名で作業を行うのも良いでしょう。

いずれにしても SPSS で利用するデータと同様のデータを作成する元を用意します。

以下にそれぞれの代表的な項目ごとのデータの用意の仕方について説明をしていきましょう。

■基本属性項目の入力方法

基本的には、1項目を1列に設定していきます。入力の際には、回答者が入力した通りに記入し、横に移動しながら記入をしていきましょう。[tab]キーを利用しながら移動すると効率的です。

SPSSサンプル・アンケート

<あなたの基本情報について教えてください>

F-1：回答者 ID

F-2：お名前（　　　　　　　　　　）

F-3：年齢　（　　　　　）歳

F-4：居住地域（都道府県）：　（　　　　　　　）

回答者ID	年齢	地域	性別
1	49	山形	男性
2	26	群馬	男性
3	56	栃木	女性
4	75	埼玉	女性
5	20	福島	女性
6	77	茨城	女性
7	49	岩手	男性
8	25	岩手	男性
9	52	宮城	男性
10	47	東京	女性

■5件法（リッカートスケール）のデータの入力（シングルアンサー：SA）

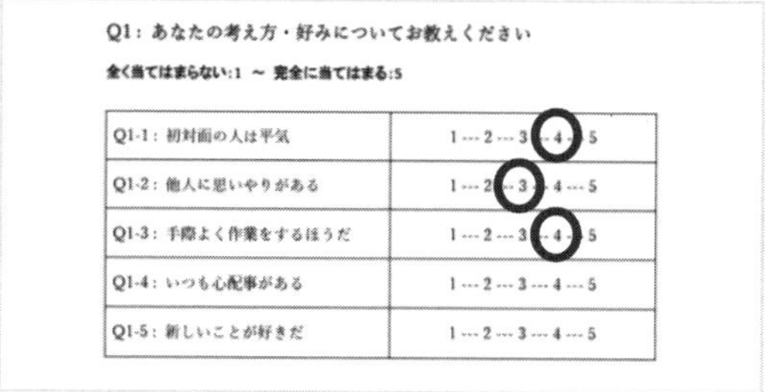

Q1_1	Q1_2	Q1_3	Q1_4	Q1_5
2	3	2	1	4
3	2	4	1	3
5	5	5	1	2
1	1	5	3	4
5	1	1	1	4
3	5	5	3	1
3	4	3	2	2
1	3	2	2	2
2	3	4	5	4
2	5	4	1	4

5件法のデータは、回答者は一項目につき1～5のいずれかの数値を選択するものです。このような項目の入力は、列に一項目ごと設定を行い、回答者の回答を一つずつ入力していきましょう。記載のまま、数値を各項目に入力します。なお、無回答や無効回答は、「99」や「98」などを設定し、入力しておくと良いでしょう。なお、回答者が1と2の間などに記入しているなどの場合には要注意。いずれの値にするのか無効にするのかは事前に決めましょう。

■多重回答項目のデータ入力

Q2：好きなブランドをすべて選択してください

（あてはまるものすべてを選択してください）

アップル　Google　マイクロソフト　アマゾン　Facebook　コカ・コーラ　サムスン　ディズニー　トヨタ　マクドナルド

Q2_apple	Q2_Google	Q2_Microsof	Q2_Amazon	Q2_Facebook	Q2_Cocacola	Q2_Sumson	Q2_Disney	Q2_Toyota	Q2_McDonald
1	0	1	1	0	1	1	0	0	0
1	0	1	1	0	0	0	0	1	0
0	0	1	1	0	0	0	1	1	0
0	1	0	1	0	1	1	0	1	0
0	0	1	0	1	1	0	1	0	0
1	0	0	1	1	0	0	1	1	0
1	1	1	0	1	0	0	0	1	1
1	0	0	1	0	1	1	1	1	1
0	0	0	0	0	0	1	1	0	1

回答者に好きなだけ選択をさせる多重回答項目。アンケートを行う際には、いっぱい様々な情報を収集したいので思わず利用しがちな調査項目ですが、分析の際には注意が必要です。まずデータの入力方法は、各項目１項目ずつが、１変数の扱いとなります。その上で、○がついているものを「１」、○がついていないものは「０」として扱いましょう。10 項目あれば 10 変数となります。多重回答自体が本当に必要かも検討するようにしましょう。

■SPSS 読み込み用ファイルの作成

データの入力が完了したら、入力したデータを「名前を付けて保存」として SPSS 読み込み用のファイルとして保存しましょう。その際には、１行目が、SPSS 読み込み時の変数名となるようにします。

■SPSS へのデータの読み込み

ここからは作成したデータの読み込みを行っていきましょう。
はじめに SPSS に読み込むことができるデータ形式は次の通り。

- テキストファイル
- CSV ファイル
- Excel スプレッドシート
- Oracle、SQL サーバー、DB2 を始めとする ODBC で接続可能なデータベース
- SAS データファイル
- Stata データファイル

この中でも、多くの場合には、Excel や CSV ファイルのことが多いでしょう。その中でも私のおすすめは、Excel ファイルです。なぜならば、CSV ファイルなどは「,（カンマ）」がデータ中に入っている場合、変数が正しく読み込めない場合が多くあるためです。Excel であれば問題なく読み込むことが可能なため、Excel をおすすめしています。

Step-1：データの読み込み

読み込むデータの準備が出来たら、いよいよ**データの読み込み**です。エクセルデータを読み込んでみましょう。今回は、サンプルファイルの「SPSS 超入門_アンケート.xlsx」というデータを利用します。このサンプルデータは 100 人分のデータで、性別や年齢などの属性データと共に、性格に関するアンケート結果などを含むデータです。

■Excel ファイル形式のデータの読み込み

手順❶　メニューバーから［**ファイル**］＞［**データのインポート**］＞［Excel］を選択します。

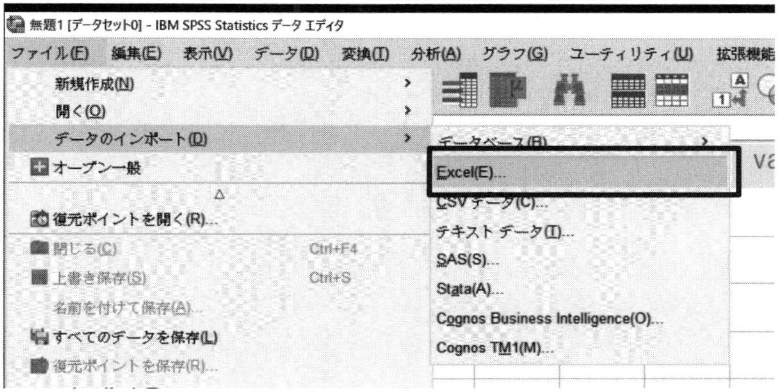

手順❷　［**データを開く**］のダイアログで、［**ファイルの種類**］は［Excel］を指定されていることを確認し、開きたいファイル［**SPSS 超入門_アンケート**. xlsx］を選択して、開く を押します。

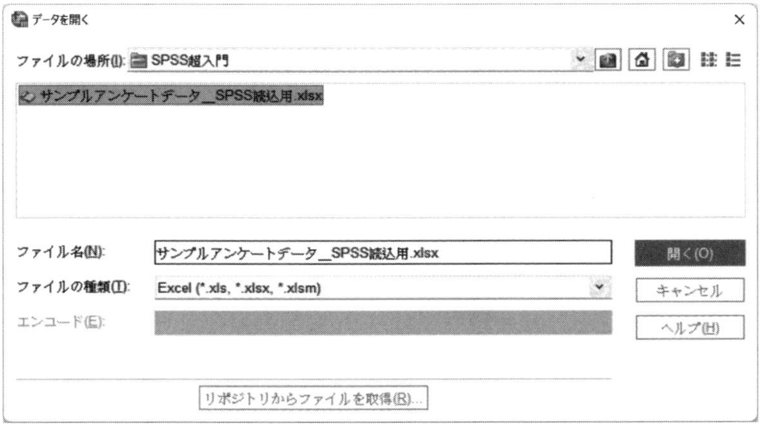

手順❸　［**Excel をファイルの読み込み**］のダイアログで、元のデータに合わせて［**データの最初の行から変数名を読み込む**］などの設定をして、 OK を押します。

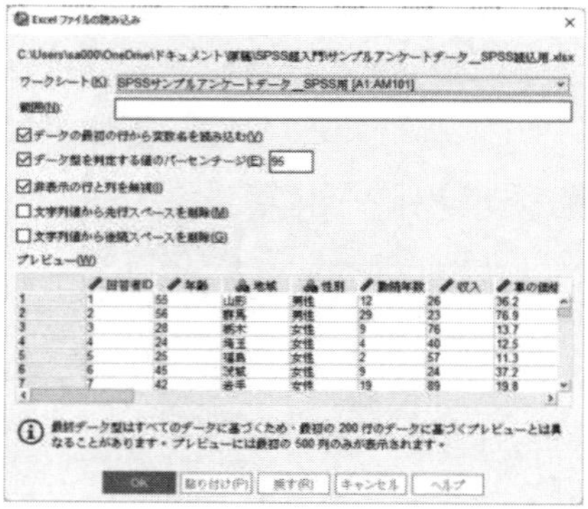

次のように表示されたら読み込みは成功です。

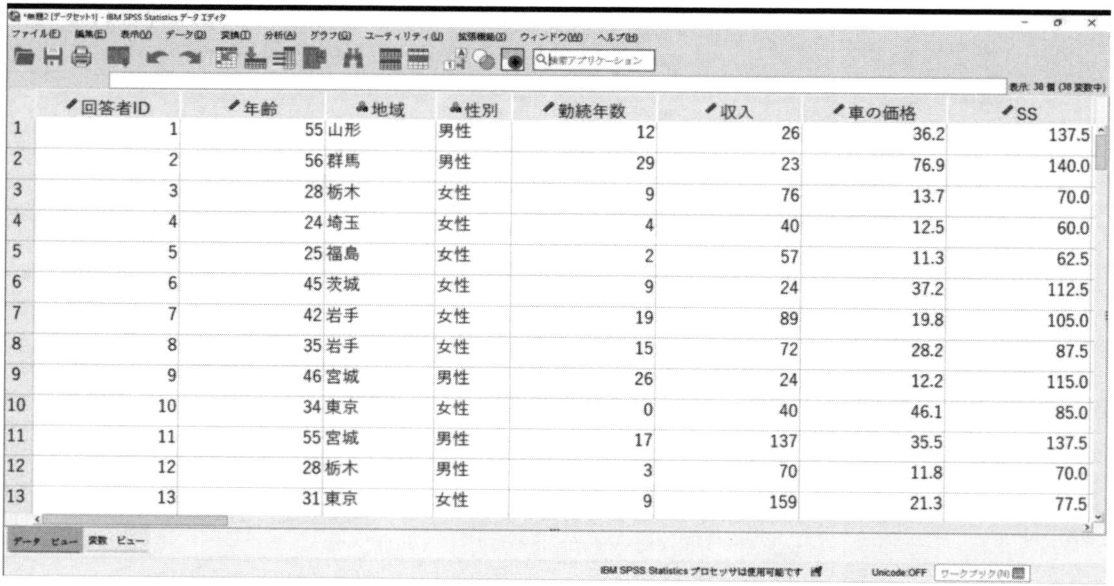

■テキストファイル形式やCSVファイル形式のデータの読み込み方

Excel データの読み込みの際と同様にデータのインポート機能を利用してデータを読み込みます。

手順❶ メニューバーから［**ファイル**］＞［**データのインポート**］＞［**CSV データ**］を選択します。

手順❷ 開きたい CSV ファイルを選択します。いくつか設定がありますが、基本的にはそのまま進めていけば読み込みが完了します。

■他のSPSSファイルの読み込み方

一旦作成した SPSS ファイルや他の SPSS ファイル（.sav）を読み込む際には、以下の手順で読み込みます。

手順❶ メニューバーから［**ファイル**］＞［**開く**］＞［**データ**］を選択します。

手順❷ 開きたい SPSS ファイルを選択します。SPSS のファイル形式は「.sav」ファイルです。

■データ読み込み時の注意点-1：データの変更が生じた場合

SPSS は、データを読み込んでから分析を実行します。そのため、元のデータを変更した場合には、改めてデータの読み込みを実行しましょう。またその逆もしかりです。SPSS 上のデータは直接セルから修正・変更は可能ですが、元データを修正することはできません。互いのデータに齟齬がないよう、元データを修正した上で、再度 SPSS へデータを読み直すことをおすすめします。

■データ読み込み時の注意点-2：CSVデータがうまく読み込めないときの対処

CSV ファイルをうまく読み込むことができない。そんなときは元のデータを確認する必要があります。

まず、データ内に余計なスペースや記号が入っていないか確認しましょう。

続いて、うまく読み込めなかった行を［データビュー］で見直して、元のファイルを Excel などで再度開き、その行を修正します。

特にテキストデータ内に「、」が入っていないかを確認します。一つずつ置き換えるのも面倒なので、Excel の置換機能を利用するとよいでしょう。

きれいなデータを用意することが SPSS を利用する上で最初の、そして重要な作業です。

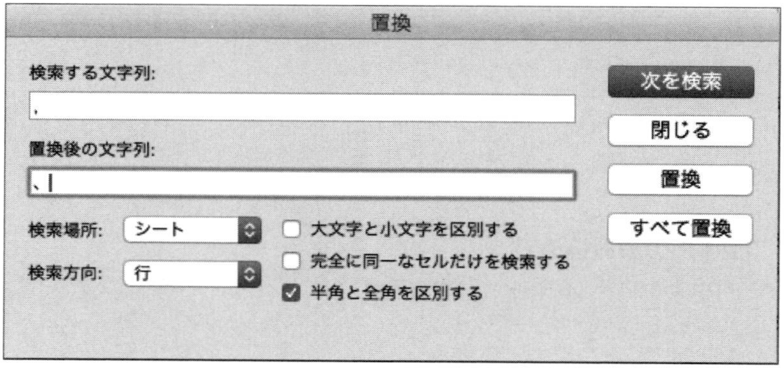

■エクセルではできるけど、SPSS ではダメな行為

エクセルではできるけど、SPSS で実行してはいけない行為がいくつかあります。以下のようなことは SPSS ではできませんのでご注意を。

	性別	年齢	職業	var
1	1	28	1	
2	2	32	2	
3	2	45	3	
4	1	41	1	
5	2	30	2	
6	男性	55	自営業	
7	2	42	3	
8	1	40	2	
9	2	35	1	
10				

数値と文字列の混在は✕

	名前	国語	英語	var
1	Aさん	80	75	
2	Bさん	75	80	
3	Cさん	95	65	
4	Dさん	85	55	
5	Eさん	90	80	
6	合計	.	.	
7				
8				
9				
10				

セル内の計算は✕

	VAR00001	VAR00002	VAR00003	VAR00004	VAR00005	var
1	身長	180.0	170.0	165.0	175.0	
2	体重	92.0	65.0	80.0	73.0	
3	BMI	28.5	22.5	29.5	24.0	
4						
5						

変数のセルを行に配置するのは✕

■データの保存

SPSSで作業したファイルは、「.sav」という拡張子で保存されます。作業にひと区切りがついたら、こまめに作業ファイルを保存しましょう。

手順❶　［**ファイル**］＞［**名前を付けて保存**］を選択します。

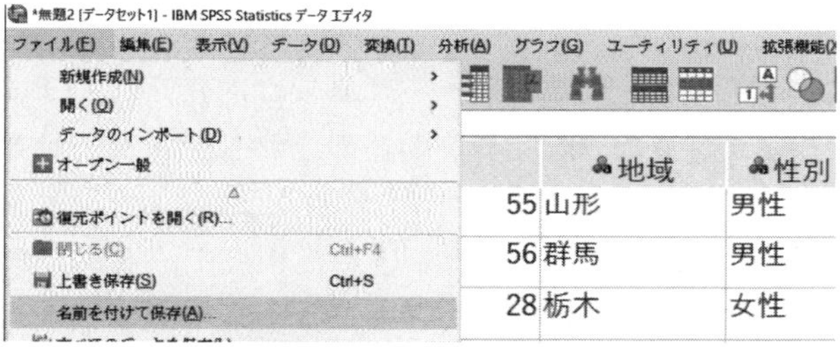

手順❷　保存する場所を指定して、保存 を押します。データをCSVなどにエクスポートすることも可能です。

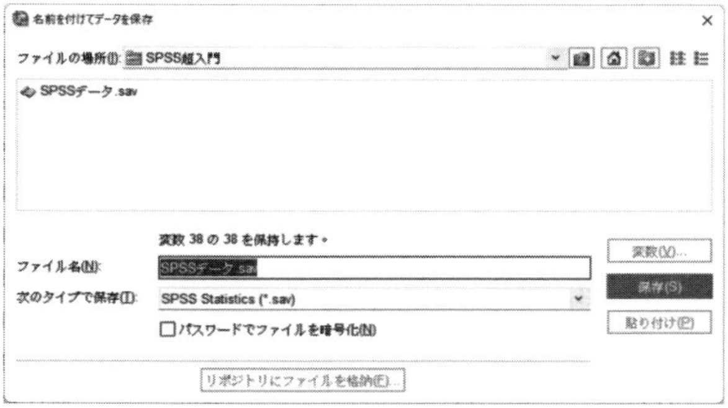

ワンポイント・アドバイス

SPSSを利用してデータ分析を行う際、試行錯誤することが多くあります。そのため、ファイル名には日付やバージョンなどをつけて、別データとして保存するとよいでしょう。

1−3　データの整理：変数ビューの設定

データが正常に読み込まれたら、すぐに分析に取り掛かりたいところですが、もう少し準備に時間をかけましょう。先ほどSPSSには［**データビュー**］と［**変数ビュー**］があることにふれました。

データを読み込んだら今度は、［**変数ビュー**］で必要な設定を行います。地味に見える作業ですが、とても大切な作業です。なぜならば、前述のとおりデータの種類によって分析手法が異なるからです。SPSSにデータを読み込んだだけでは、どのような性格をもったデータなのかを判断することができません。データを読み込んだ後にデータの定義をする必要があるのです。たとえば性別のデータを読み込む場合、「1」が男性、「2」が女性というデータであるということを定義する必要があります。それらの設定を行うのが変数ビューです。

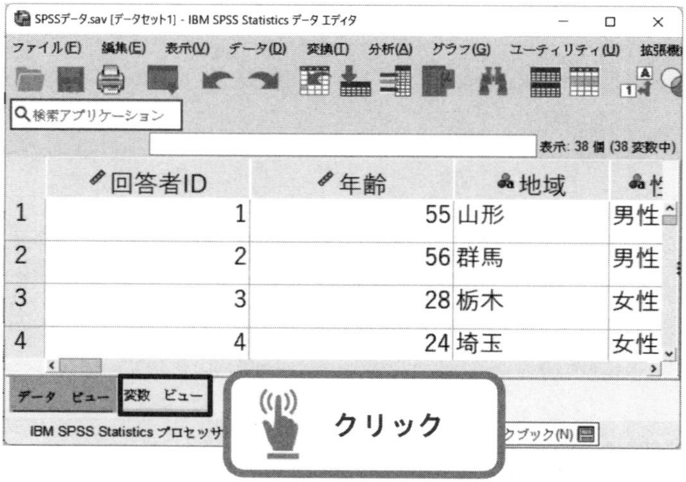

■変数ビューの設定

変数ビューでは、各変数（今回のデータでいえば、idや性別、年齢など）の内容を定義します。データにはさまざまなタイプがあるので、名義尺度や順序尺度、数値の意味などを考えながら設定しましょう。

［**変数ビュー**］タブをクリックすると、次のような項目が並んでいます。

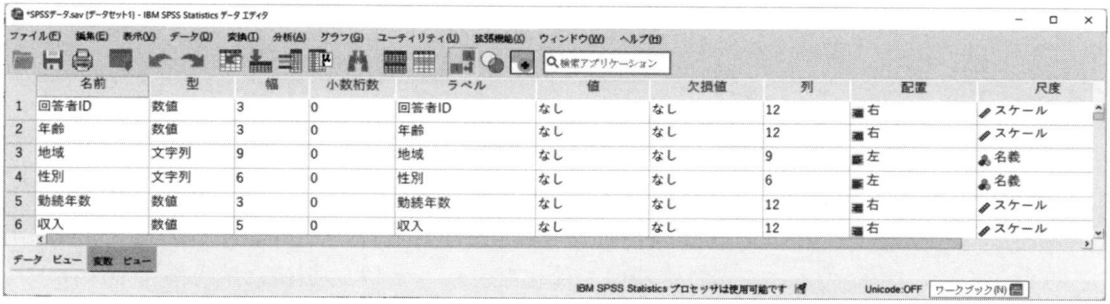

	名前	型	幅	小数桁数	ラベル	値	欠損値	列	配置	尺度
1	回答者ID	数値	3	0	回答者ID	なし	なし	12	右	スケール
2	年齢	数値	3	0	年齢	なし	なし	12	右	スケール
3	地域	文字列	9	0	地域	なし	なし	9	左	名義
4	性別	文字列	6	0	性別	なし	なし	6	左	名義
5	勤続年数	数値	3	0	勤続年数	なし	なし	12	右	スケール
6	収入	数値	5	0	収入	なし	なし	12	右	スケール

［名前］

変数の名前を入力します。日本語でも英語でも入力は可能です。分析の際に利用しやすい、簡潔な名前にしましょう。なお、数字からの変数名は利用できません。(例:2022Q1)文字から変数名を作成するようにしましょう。またハイフン（-）や！などの文字も利用できません。一番重要なことはSPSSでは同じ変数名を持つことができません。「その他」などの変数がある場合には事前に「Q1_その他」などに変換しておくことをお勧めします。

［型］

その変数が、数値データなのか、文字列データなのか、または日付データなのかについて指定します。特に日付データの場合は、その型を合わせる必要があります。基本的には「数値」が望ましい状態です。

［幅］

データビューで表示するセルの幅を設定します。変数やデータが見えにくい場合に利用します。

［**小数桁数**］

データビューで表示する小数の桁数を定義します。利用するデータの特徴に合わせて設定しましょう。

［**ラベル**］

変数名の説明を記入します。たとえば、アンケートにおける質問項目などは、変数名は短くした方が都合がよいのですが、中身がわからなくなってしまいます。そのようなときに質問項目をラベルに記入し、わかりやすくして利用します。

［**値**］

SPSSの便利な機能の一つが「値ラベル」の定義です。たとえば、性別のデータを「1：男性」「2：女性」として数値で保存している場合があります（これはデータ容量の関係からもよく行われます）。また、都道府県の情報なども1～47の数値に置き換えて保存されている場合があります。数値のままだと、データビューで確認したときにわかりづらく、また、その結果を自分で読み替えるのは面倒なものです。そのようなとき値ラベル機能を利用することで、「1」を男性、「2」を女性とわかりやすく変換してくれます。

《値ラベルの設定手順》

手順①　［**変数ビュー**］の［**値**］の列のセルをクリックします。

手順②　［**値ラベル**］の画面が表示されます。「＋」のボタンをクリックします。

手順③　［**値**］に「1」と入力。

手順④　［**ラベル**］に「**男性**」と入力。

手順⑤　**追加** ボタンを押します。

手順⑥　他の値も同じ手順で設定します。

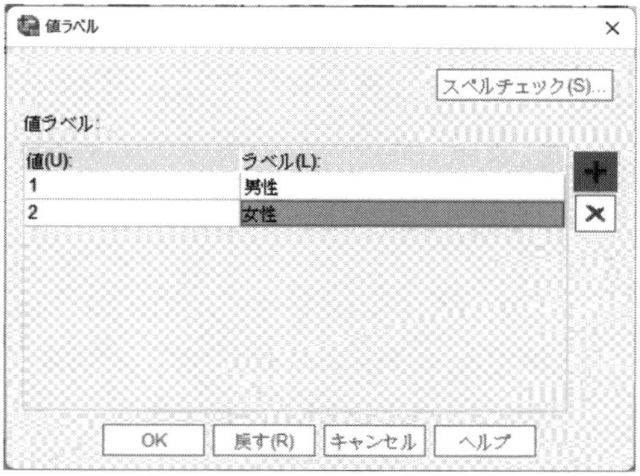

さて、値ラベルを設定したら、［**データビュー**］で確認してみましょう。［**データビュー**］に切り替えて、画面の上の方にある  を押してみてください。ラベルに変換されて表示されていたら完成です。

＊データビュー上でラベル機能をオンにしておけば、データシートでラベルの変更が必要になっても、プルダウンメニューとして設定したラベルを表示できます。

［**欠損値**］

統計解析では、データに過不足があることは好ましくありません。では、10 名のデータのはずなのに、1 人分のデータがない場合はどうしたらよいのでしょうか？

空白のデータと 0 は、その意味が異なります。そのため、SPSS にこのデータは「使わない」と認識させなければなりません。それが欠損値機能です。

欠損値を設定するには、［**変数ビュー**］で、該当する変数の［**欠損値**］の列のセルをダブルクリックします。［**欠損値**］のダイアログが現れたら、このデータの場合、［**個別の欠損値**］を選び、個別の欠損値を入力します。

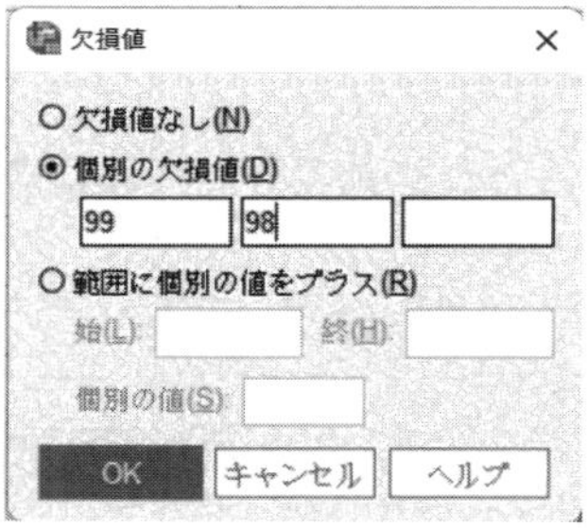

［**配置**］

データビューの見え方を設定します。

［**尺度**］

変数ビューの設定の中でもっとも重要なのがこの尺度の設定です。

SPSS では、［**スケール**］［**順序**］［**名義**］と、尺度の定義が３つあります。データに応じて尺度を正しく設定します。

	尺度	主なデータの種類
スケール	間隔尺度、比率尺度	体重、身長など
順序	順序尺度	５段階の満足度調査、年代など
名義	名義尺度	性別や職業など

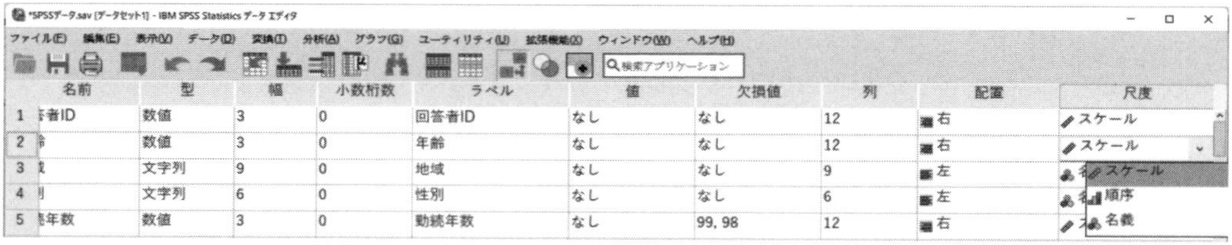

［**役割**］

［**入力**］、［**目標**］、［**両方**］、［**なし**］などを選んで、その変数が独立変数なのか説明変数なのかを設定します。

ワンポイント・アドバイス

メニューバーにある “ダイアログのリコール機能” を覚えておくと便利です。

このアイコンをクリックすると、直前までの分析や作業の履歴が表示されます。作業の途中で、もう一度同じ分析をしたいというときに、とても便利な機能です。

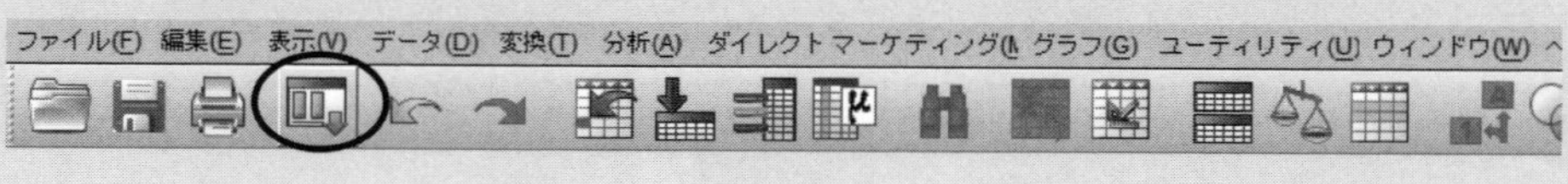

第 2 章 分析の準備

分析を始める前に、準備作業としてのデータ加工について学びましょう。「データ加工は後にして、とりあえず SPSS で分析したい！」という方は、第 3 章から始めても結構ですが、あまりオススメできません。データ分析においてデータ加工は不可欠です。分析作業の約 8 割を占めるといわれるデータ加工をしっかりと覚えておきましょう。データを加工するとは、手元にあるデータを分析に適した形式に変換することを指します。例えば、以下のような場合にデータ加工が必要になります。

1. **元データから新しい変数を作成**
   - 例：体重と身長から BMI というスコアを作成する
   - 例：下位尺度を合わせた合計スコアを作成する
2. **数量データをカテゴリ化**
   - 例：「年齢」から「年代」を作成
   - 例：BMI のデータから「25 以上」を肥満（1）、「25 未満」を普通（0）に
3. **値を入れ替える**
   - 例：逆転項目のデータを入れ替える

実際の例からデータ加工の必要性について考えてみましょう。

たとえば、「年代別に食に対する意識の違いを明らかにしたい」という研究テーマの場合、手元のデータが生年月日のデータだったとすれば、そこから年齢を割り出し、年代別のデータに変換する必要があるでしょう。ここでは2段階による加工が必要になります。

また、性別や地域、年齢などの回答者属性が入ったデータファイルと、同じ対象者のライフスタイルや意識に関するアンケートのデータファイルが分割されている場合には、二つのファイルを結合する必要があります。同じようにアンケート調査を追加で実施し、新たな回答者のデータが手に入った場合には、既存のデータに新しいデータを加える必要があるでしょう。さらに、分析手法によっては同じ変数に入っているカテゴリ値を、それぞれの変数に割り当てるような処理が必要な場合もあります。

このように手元にあるデータを分析に適した形に変換したり、追加したりする作業がデータ準備のためのデータ加工といえます。

ここからいくつかのデータ加工例を取り上げて操作方法を紹介していきます。

2−1 値の再割り当て

ある変数の数値をもとに新しい数値に変換したいという場合には、「値の再割り当て」機能を利用します。

＜値の再割り当ての活用例＞

・年齢から年代を作成する

・身長のデータを 10cm 刻みに変更する

このデータの変換は、連続数である数値データを順序尺度のカテゴリーデータに変換することを意味しています。この値の再割り当てというデータ加工は、非常によく行われています。なお、作成された新しい変数の尺度は「スケール」から「順序」に変更になるので分析手法を考える必要があります。

手順❶　メニューバーから［**変換**］＞［**他の変数への値の再割り当て**］を選びます。

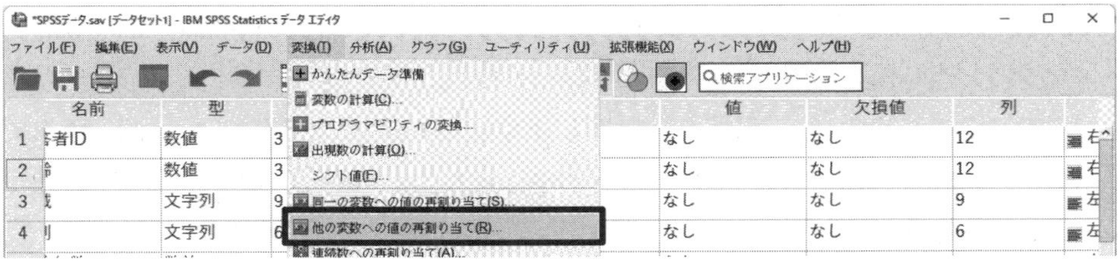

手順❷　［**他の変数への値の再割り当て**］ダイアログが表示されます。左側に対象となる変数が表示されているので、を使って［**数値型変数-->出力変数**］に移動します。今回は「**年齢**」を選択してみましょう。

手順❸ 右側の［**変換先変数**］部分の［**名前**］に、新たな変数として「**年代**」と入力。そして 変更 をクリックします。

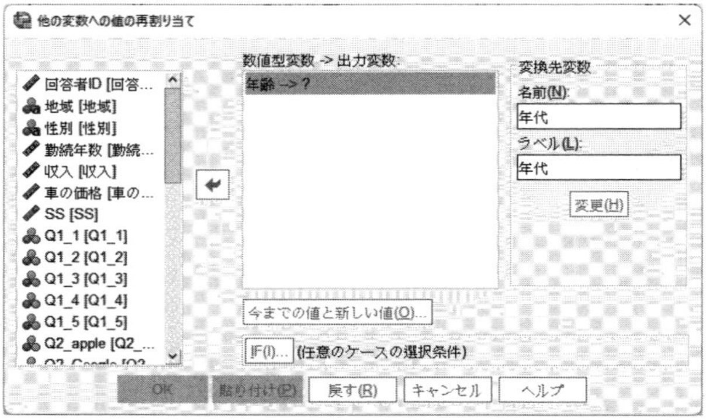

手順❹ 続いて 今までの値と新しい値 をクリックします。

手順❺ この画面を元に値を割り当てます。左側の［**今までの値**］の部分に、変換前の値を指定し、右側の［**新しい値**］に変換後の値を指定します。一つの値だけを変換する場合は［**値**］部分に数値を入力します。たとえば、元のデータが間違っている場合や複数の値を一つの値に変換するときに利用します。今回は、年齢という範囲の広い値を再割り当てするので、［**範囲**］を選択します。たとえば、20 代であれば［**今までの値**］部分で［**範囲**］を選び、「**20**」から「**29**」と入力。［**新しい値**］部分には「**2**」を入力します。続けて 追加 をクリックすると、次のようになります。

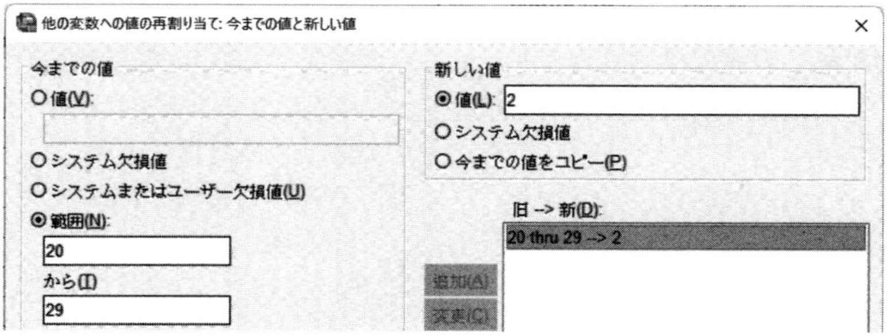

手順❻　上限、下限の値を割り当てる場合には、［**範囲：最小値から次の値まで**］［**範囲：次の値から最大値まで**］を選びます。20 歳以下を一つにまとめるときは［**範囲：最小値から次の値まで**］に「**19**」と入力、70 歳以上を一つにまとめるときは［**範囲：次の値から最大値まで**］に「**70**」と入力します。それぞれの年代を設定すると、次のようになるので、**続行** をクリック。

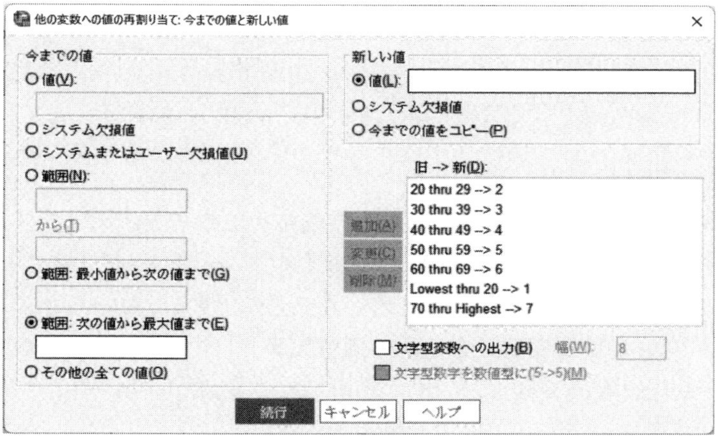

手順❼　［**他の変数への値の再割り当て**］の画面に戻ったら、 **OK** を押して完成です。データビューで確認してみましょう。正しく「**年代**」という変数が作成されました。新しい年代の変数が完成後は、前に記述の通り、「変数ビュー」から「値」を設定することにより 20 代、30 代、40 代などと見やすくすることが可能になります。

なお先行研究の尺度を利用する際、尺度の項目が他の尺度と逆のものを分析に利用することもあります。いわゆる逆転尺度というものです。その際には、尺度の得点を逆転化することにより他の変数と同様な扱いをできるようになります。このような場合にも先述の「他の変数の値の再割り当て」機能を利用すれば簡単に逆転項目を作成することが可能です。真ん中の値の 3 を 3 に割り当てることを忘れないようにしましょう。

2−2 新しい変数の作成

ある変数のデータを元にして、比率の計算など、新しい変数を作成することができます。

手順❶ メニューバーから［**変換**］＞［**変数の計算**］を選びます。

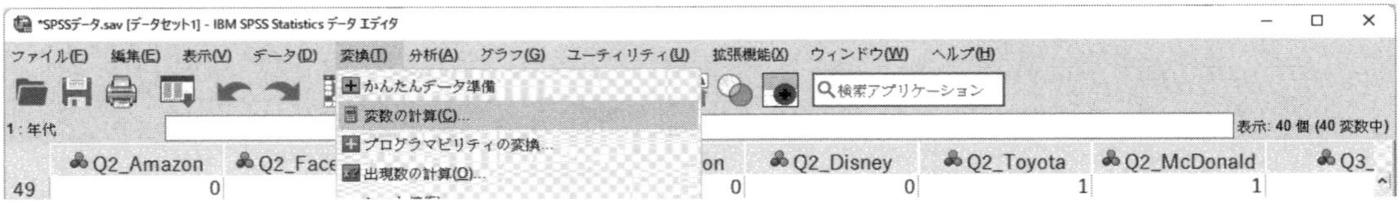

手順❷ ［**変数の計算**］の計算ダイアログが表示されます。

［**目標変数**］の部分には、新しく作成する変数名を入力します。

その変数の元になる変数を下の候補リストから選択し、［**数式**］の部分に必要な計算式を入力します（キーボード、ダイアログのボタン、どちらからでも入力できます）。

たとえば、［**目標変数**］を［**車の価格比率**］という新しい変数名にして、それを算出する数式を入れてみると、次のようになります。

また、右側にある［**関数グループ**］の機能を利用すれば、ある変数を対数変換するなど、複雑な計算もすることができます。

2−3　分析対象データの選択

データ分析をするとき、データの一部分だけを分析対象としたい場合にはどうすればよいのでしょうか？

たとえば、ある特定の地域のデータだけで分析したい、もしくは欠損値を除いて分析をしたいという場合です。一般的な表計算ソフトであれば、中間ファイルを生成したり、データそのものを抽出して計算するなどの方法がありますが、これは手間のかかる作業です。SPSS では、条件に当てはまるデータを選択して分析を実行することが可能です。

手順❶　メニューバーから［**データ**］＞［**ケースの選択**］を選びます。

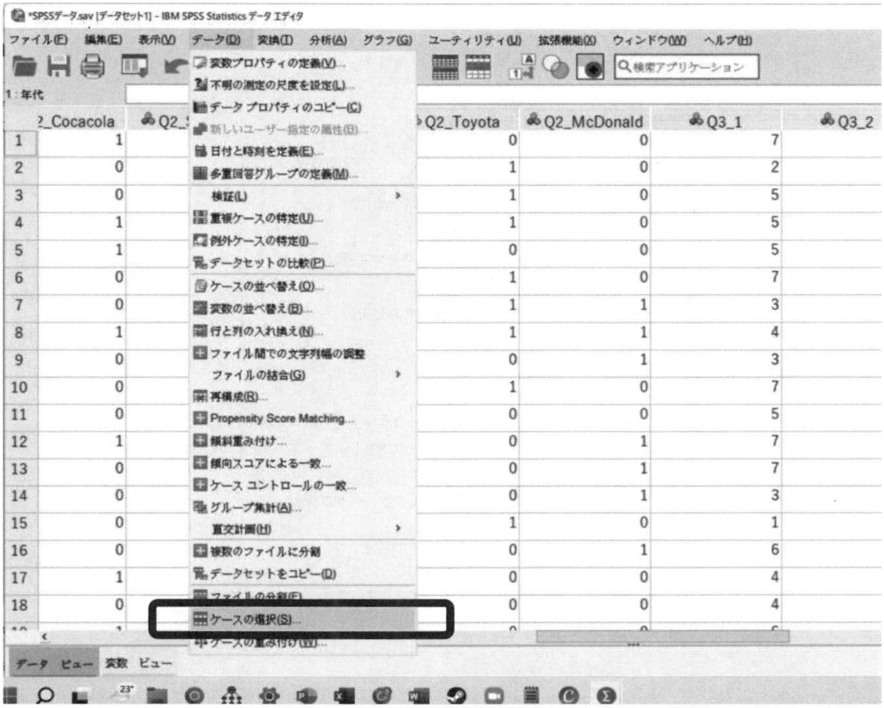

手順❷　［**ケースの選択**］ダイアログが出現するので、条件を設定します。

ある条件のみを満たすケースを選択したい場合には、［**IF 条件が満たされるケース**］を選択します。あるいは、ケースを無作為に抽出してテストしたい場合には、［**ケースの無作為抽出**］を選択します。また、日付をもとに抽出したい、あるいは番号をもとに抽出したい場合には、［**日付かケース番号の範囲**］を選択します。このときに選択されなかったケースの扱いも設定します。

［**出力**］のところでは、特段の必要性がない限り［**選択されなかったケースを分析から除外**］を選択しましょう。

ここでは、20 歳から 60 歳のデータのみを対象としたデータを作成してみます。［**IF 条件が満たされるケース**］を選択して、 IF を押します。

手順❸　IF 条件の定義を行います。20 歳から 60 歳のデータのみを対象とするので、次のように「**年齢 >= 20 & 年齢 <= 60**」と入力したら、**続行** を押します。

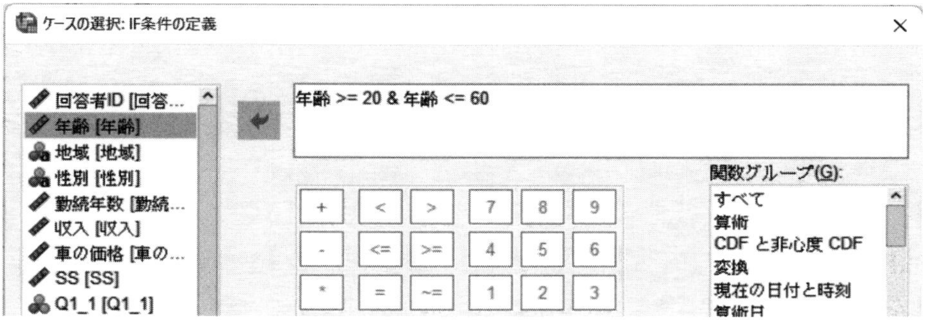

＊「&」は SPSS の式では and を意味します。つまり 20 歳以下のケースと 60 歳以上のケースを探して除外するということを記載しています。

手順❹　［**ケースの選択**］画面で **OK** を押すと、データが作成されます。データビュー部分では除外されたデータに斜線がついています。また、どのケースが選択されているのかは、一番右側に作成された［**filter_$**］という変数を見ると、「Selected」が選択されたケース、「Not Selected」が選択されなかったケースとして把握することができます。

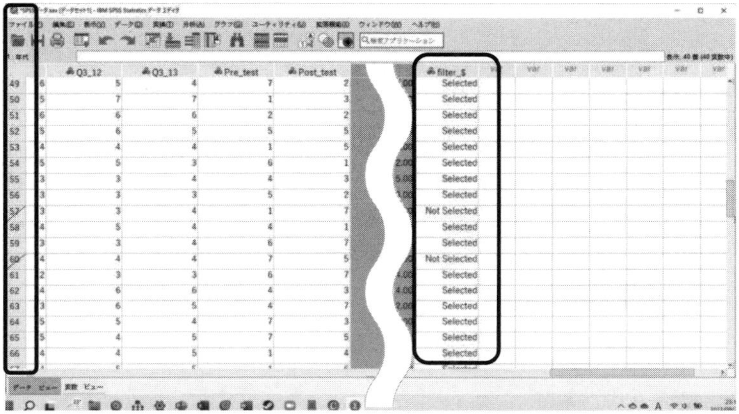

2−4　文字列データを数値データに変換する方法

SPSS Statistics では、適用できる分析手法が多いなどの理由から、データの型を数値型に設定する方が便利です。文字列データは極力、数値型に変更しましょう。

手順❶　メニューバーから［**データ**］＞［**変換**］＞［**連続数への再割り当て**］を選びます。

手順❷　「性別」と「居住地域」を左の変数候補から選択し、右に移動します。

手順❸　「新しい変数名に「性別 NEW」「居住地域 NEW」を入力し、「新しい名前の追加」をクリックします。

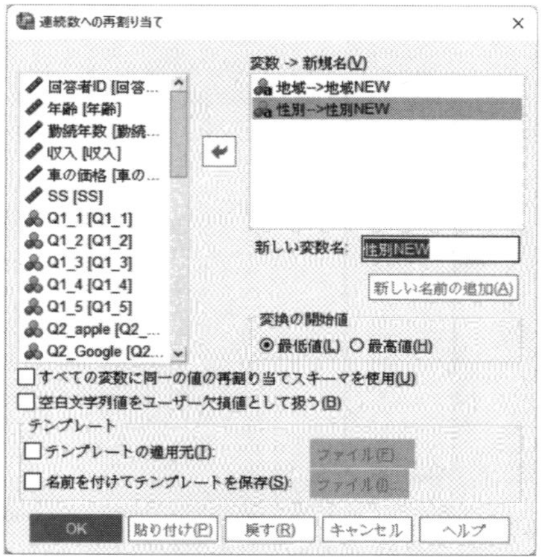

手順❹　準備ができたら「OK」を押します。データビューの右側、変数ビューの一番下に新しく「性別 NEW」が作成されていれば成功です。

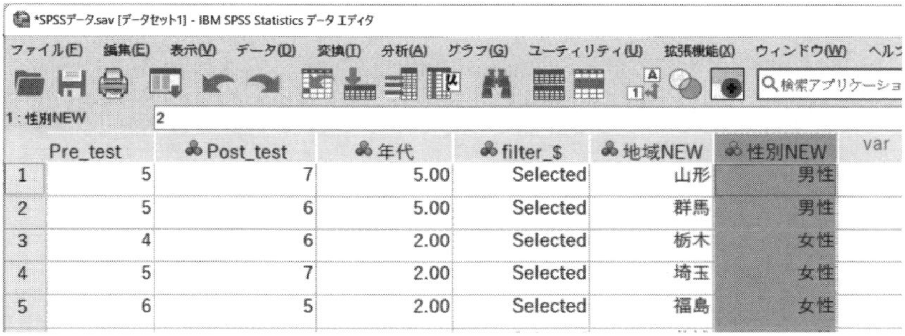

2−5　量的データをカテゴリ化する方法

分析を行う上では量的データ（スケール）をカテゴリ化することがよくあります。例えば、先述の年齢から年代というデータを作成することであったり、あるしきい値を元にデータを2つの群に分けたりする際です。その時に便利な機能が「**連続変数のカテゴリ化**」機能です。

手順❶　メニューバーから［**データ**］＞［**変換**］＞［**連続変数のカテゴリ化**］を選びます。

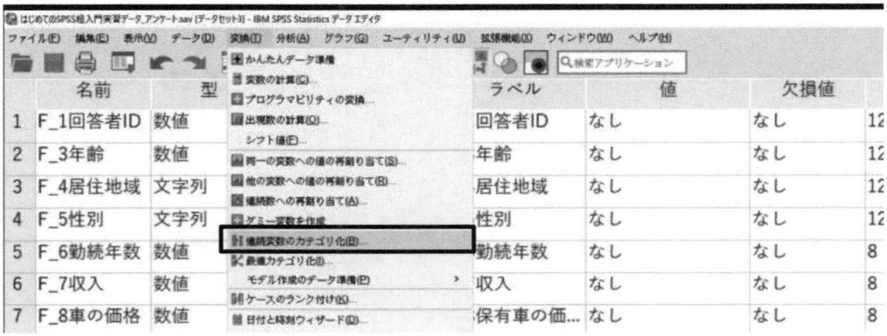

手順❷　連続変数のカテゴリ化のダイアログで、左側の変数から「ビン分割する変数」に分割する変数を選択し、右に移動します。今回は「ソーシャルスコア」を選択してみましょう。右に移動したら「続行」ボタンをクリックしましょう。

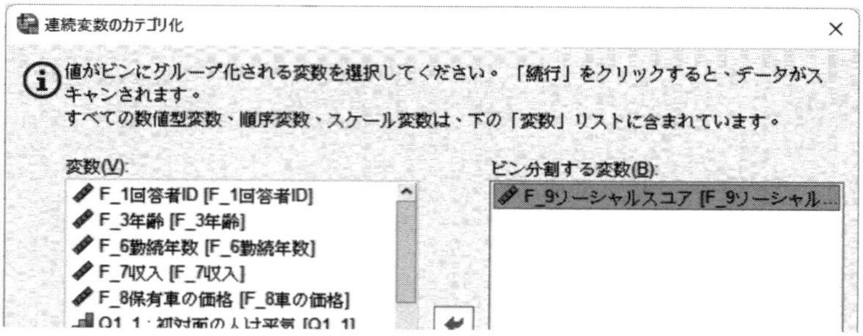

手順❸　続いて連続変数のカテゴリ化のダイアログが表示されます。ここでは分割後の新しい変数名を「ビン分割する変数」にセットします。変数名を設定後「分割点の作成」を押しましょう。

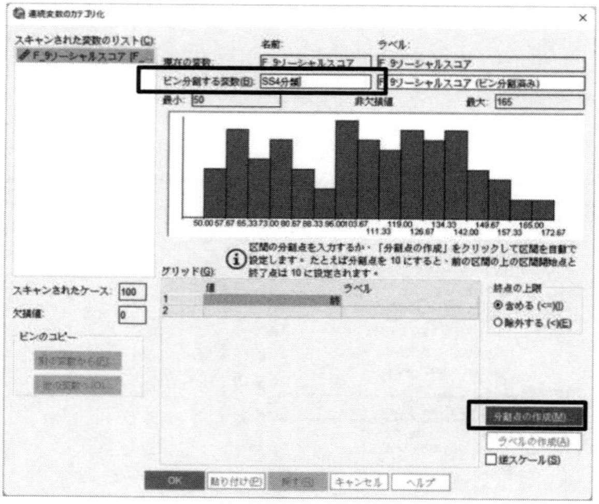

手順❹　「分割点の作成」ダイアログでは、３つの方法で量的データを分割することが可能です。分割したい目的に応じて選択しましょう。今回は、一番下の「スキャンされたケースに基づく、平均値と選択された標準偏差にある分割点」をクリックします。また、「標準偏差+/−1」にチェックを入れましょう。適用を押して元の画面から「OK」を押しましょう。

等幅の区間

量的データの値の最小値〜最大値までを均等に分割する方法です。つまり年齢のデータであれば10歳刻みに分割する、収入などのデータであれば100万円ずつに分割するなどです。それぞれの所属する人数（ケース数）は異なります。

スキャンされたケースに基づく、等しいパーセンタイル

所属する人数（ケース数）を均等に分割する方法です。基準となる量的データの範囲は異なります。

スキャンされたケースに基づく、平均値と選択された標準偏差にある分割点

平均値を中心に標準偏差の値を利用して分割する方法です。標準偏差の１、２、３倍の基準値で分割することが可能です。

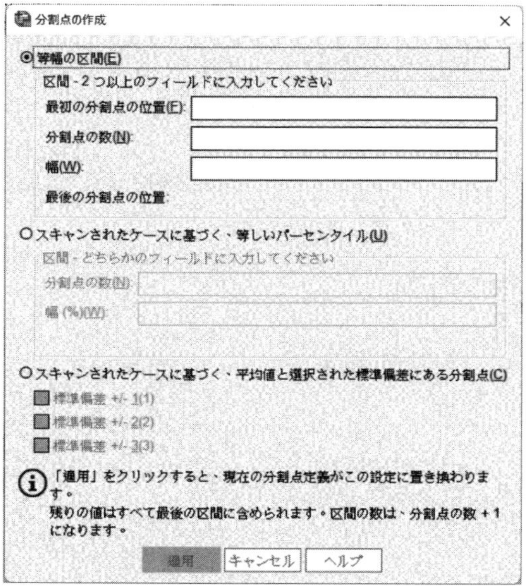

2−6 ダミー変数の作り方

回帰分析を行う際に、性別などの質的な変数を扱いたいというときには、ダミー変数を作成して変数として利用することがあります。ダミー変数の作成については、従来は先述の他の変数の値の再割り当て機能を利用することが多くありましたが、昨今ではメニューに「ダミー変数の作成」メニューが出来ました。これを利用すれば比較的簡単にダミー変数を作成することが可能です。

手順❶ メニューバーから［**変換**］＞［**ダミー変数を作成**］を選びます。

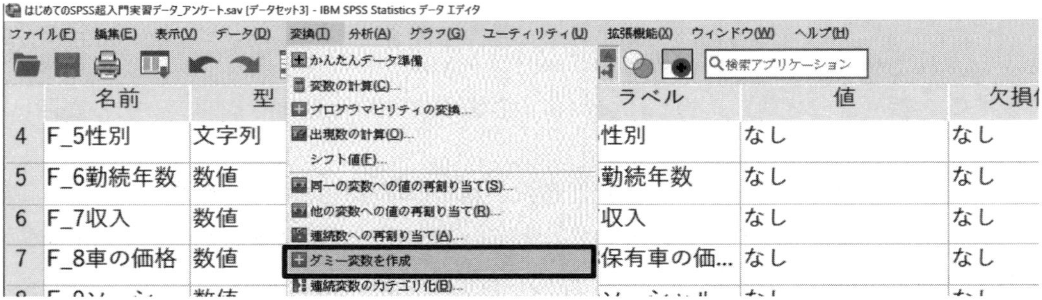

手順❷ ダミー変数を作成する変数を選択し、「主効果ダミーの作成」にチェックを、「ルート名」にダミー変数名を入れましょう。「OK」を押せばダミー変数の作成は完了です。

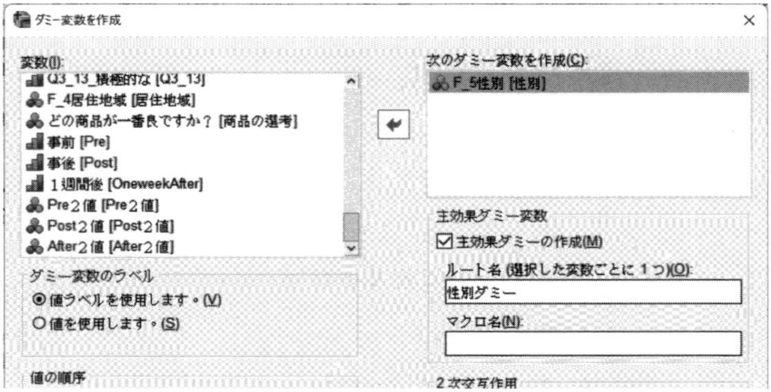

第3章　データの特徴を明らかにする

ここからはSPSSを利用した**記述統計**について解説します。記述統計は、「手元にあるデータの特徴を代表値、グラフや表などを利用して明らかにすること」でした。

データの読み込みと加工が終了したら、はじめに行う分析が統計量の算出です。分析の前には必須のステップで、準備体操のようなものです。ここから多くのことが発見できます。この手順は、データや分析テーマによって変わるものではありません。

また、データの特徴を明らかにすることと同時に、データが正しく読み込まれているのか再度確認するという観点でも非常に重要な作業です。

なお、量的データと質的データとでは、採用する手法が異なります。

	手法	グラフ
量的データ	統計量を算出する 平均、中央値、分散、標準偏差など	ヒストグラム、散布図、箱ひげ図など
質的データ	度数分布表の作成 各項目の数や比率を数える	棒グラフ、円グラフなど

SPSSでは、いくつかの算出方法があります。

量的変数と質的変数を一度に分析することも可能ですが、質的変数の平均や分散は意味がないことは前述のとおりです。そのため、混乱をさけるためにも、はじめのうちは量的変数と質的変数を分けて実施した方がよいでしょう。

ここでも、これまでとおなじサンプルデータを使って解説します。

3−1 量的データの場合：記述統計の作成

はじめに、量的データの分析を行います。代表的な統計量は、平均値、中央値、分散や標準偏差などです。

■統計量算出の手順

手順❶ メニューバーから［**分析**］>［**記述統計**］>［**記述統計**］を選びます。

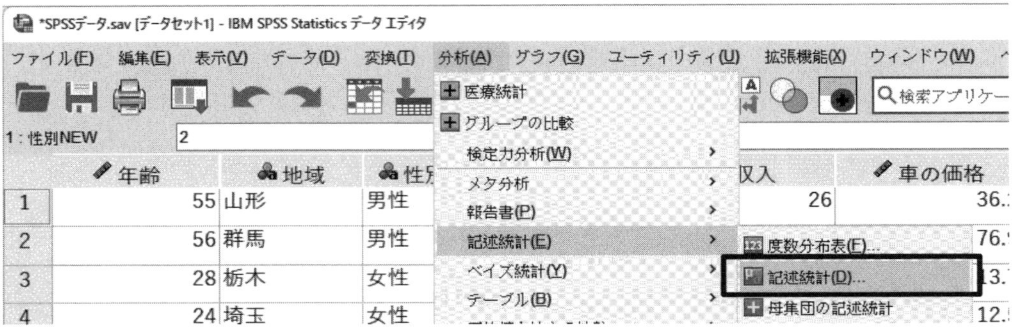

手順❷ ［**記述統計**］ダイアログが表示されます。左側には候補となる変数名があり、右側の［**変数**］部分に  を使って選択した量的変数を移動します。今回は、次の変数を選択しました。

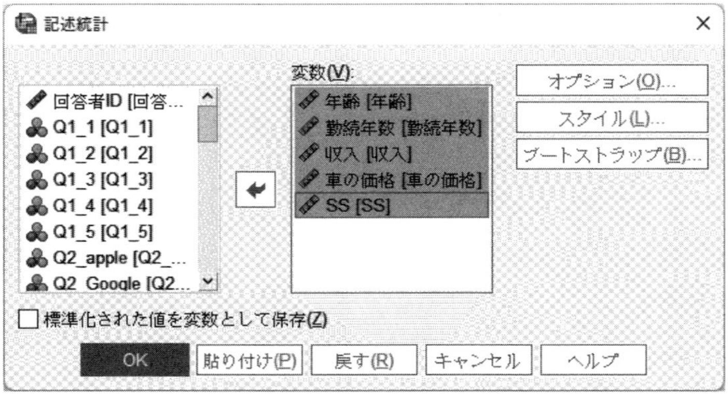

手順❸ 移動が完了したら OK を押しましょう。

出力ビューに記述統計量の表が出力されていたら成功です。

記述統計量

	度数	最小値	最大値	平均値	標準偏差
年齢	100	20	66	42.26	12.430
勤続年数	100	0	35	12.02	9.683
収入	100	13	1116	88.49	137.028
車の価格	100	6.3	82.8	31.978	22.7014
SS	100	50.0	165.0	105.650	31.0742
有効なケースの数 (リストごと)	100				

記述統計量の表の一番左には、度数、つまりその変数に何件のデータがあるのかが表示されます。そしてそれぞれの変数に最小値、最大値、平均値、データのバラツキを表す標準偏差が表示されています。それぞれの変数を再度確認して、誤ったデータや異常なデータがないかを確認しましょう。その上で各変数の特徴を見ていきます。記述統計を行うだけでも、データがみえてくるのです。

さぁ、これであなたも分析の第一歩を踏み出すことができました。これは立派な分析といえます。

3-2 質的データの場合

続いて、質的データの分析を行ってみましょう。質的データを把握するためには、度数分布表を利用しましょう。度数分布表は、各項目の値の数を数えたり、比率を計算して把握するのに便利です。

■度数分布表の作成

手順❶ メニューバーから［**分析**］＞［**記述統計**］＞［**度数分布表**］を選びます。

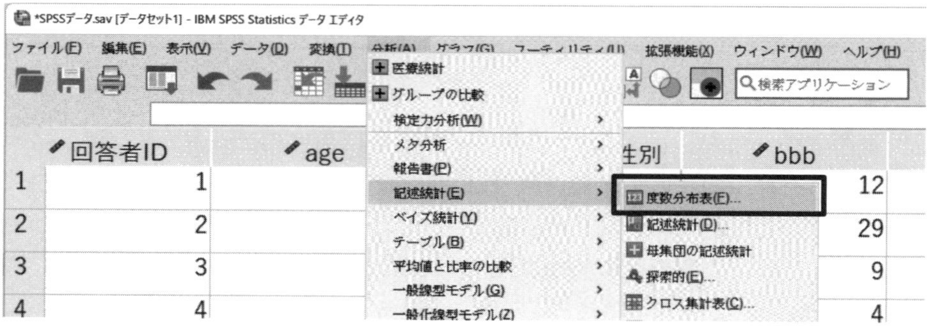

手順❷ ［**度数分布表**］ダイアログが表示されます。左側に候補となる変数が表示され、その中から対象となる変数を選択します。今回は、質的変数である、名義もしくは順序の変数を選択します。

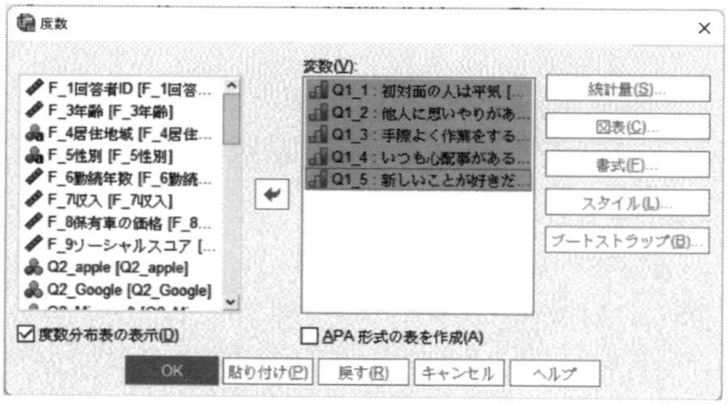

今回選択した変数：Q1_1 / Q1_2 / Q1_3 / Q1_4 / Q1_5

さて、この度数分布表のメニューの左下には、［**度数分布表の表示**］や「APA 形式の表を作成」のチェックボックスやその他にも、統計量、図表 というようなボタンもあります。この度数分布表のダイアログでは、表の作成と共にグラフも同時に作成できるのです。

手順❸　図表 をクリックしたら、現れたダイアログで、目的にあったグラフを選択します。
ここでは［**棒グラフ**］を選択し、続行しましょう。
性別のように、比率を把握したいときは円グラフが適しています。

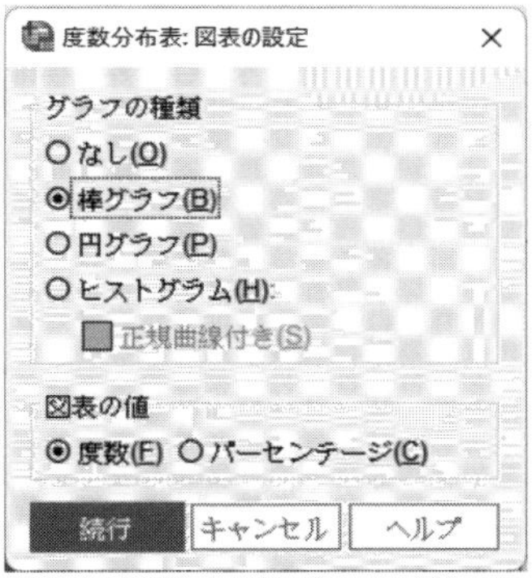

手順❹　［**度数分布表**］のダイアログに戻ったら、OK を押します。
出力ビューアに度数分布表とグラフが表示されました。

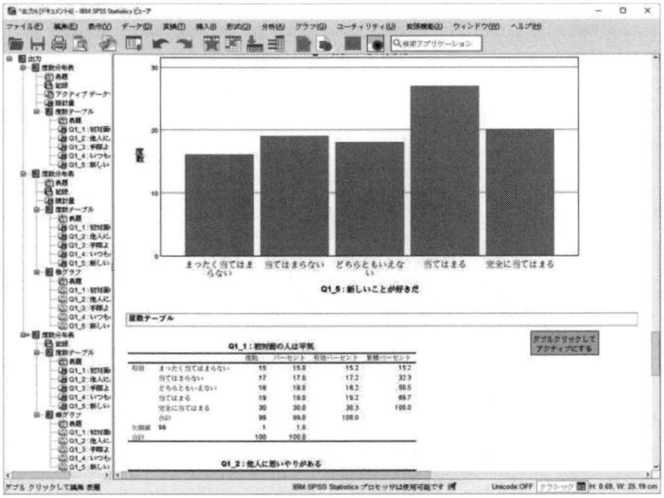

度数テーブル

Q1_1：初対面の人は平気

		度数	パーセント	有効パーセント	累積パーセント
有効	まったく当てはまらない	15	15.0	15.2	15.2
	当てはまらない	17	17.0	17.2	32.3
	どちらともいえない	18	18.0	18.2	50.5
	当てはまる	19	19.0	19.2	69.7
	完全に当てはまる	30	30.0	30.3	100.0
	合計	99	99.0	100.0	
欠損値	99	1	1.0		
合計		100	100.0		

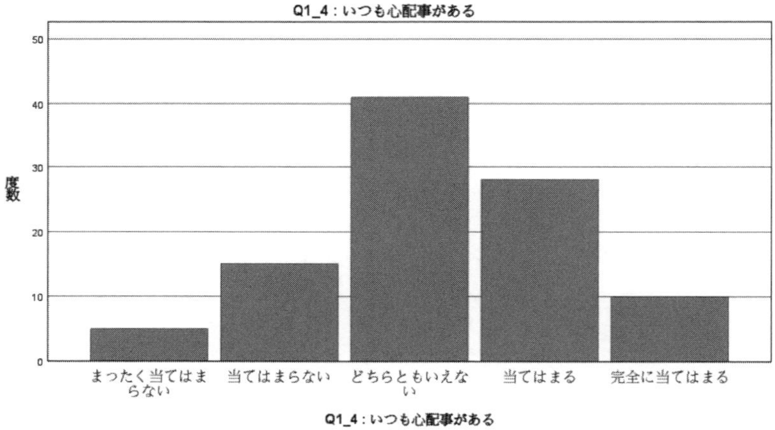

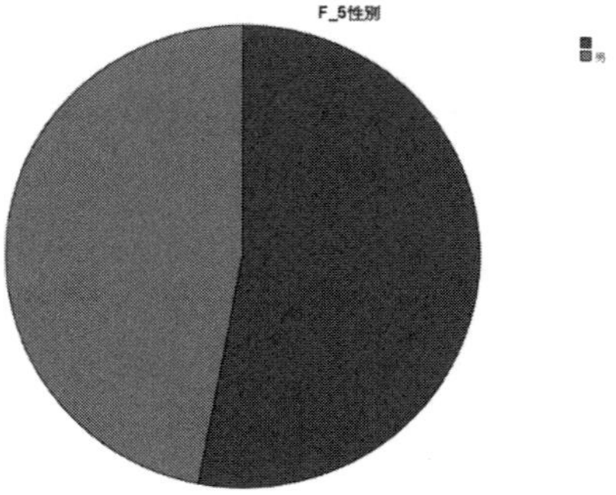

なお、度数分布表機能は質的な変数のみならず量的な変数でも利用可能です。度数分布表の設定画面にて**統計量** を利用すれば平均値や中央値、標準偏差も含めて記述統計量を表示することも可能です。

データエディタの画面に戻り、メニューバーから［**分析**］＞［**記述統計**］＞［**度数分布表**］を選択します。

現れたダイアログの右側にある **統計量** をクリックします。

右のようなダイアログから、［**中央値**］などの算出が可能になります。

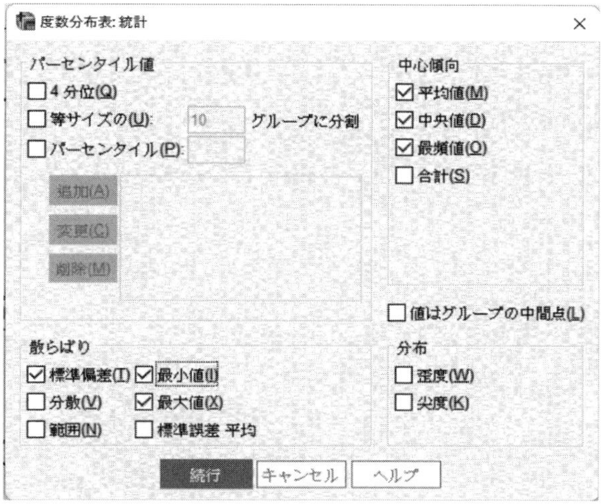

中央値は、データを小さい値のデータから大きい値のデータまでを横に並べて、両側から件数を数えて中心になる数値であるため、度数を数える度数分布表の計算方法により算出する必要があります。そのため、SPSS では度数分布表の中に中央値の計算が配置されています。

統計量

		F_3年齢	F_6勤続年数	F_7収入	F_8保有車の価格
度数	有効	100	100	100	100
	欠損値	0	0	0	0
平均値		42.26	12.0200	88.4900	31.9780
中央値		42.50	10.0000	49.5000	23.4500
最頻値		48	.00[a]	24.00	11.30[a]
標準偏差		12.430	9.68283	137.02801	22.70144
範囲		46	35.00	1103.00	76.50
最小値		20	.00	13.00	6.30
最大値		66	35.00	1116.00	82.80

a. 複数の最頻値が存在します。そのうちの最小値が表示されます。

次に量的データと同じように分布表やグラフを見て、データの特徴を確認しましょう。

3−3 グラフでデータの特徴を表す：グラフの種類

代表的なグラフを紹介しましょう。グラフはデータの特徴を視覚的に表すものです。先述のとおり、分析の目的によって使用するグラフも異なります。どのような場合にどのようなグラフが活用できるかを、よく使われるグラフを中心にまとめました。

<table>
<tr><th>グラフのタイプ</th><th>解説</th></tr>
<tr><td>棒グラフ</td><td>質的変数の各項目の度数を数えるためのグラフです。単純な棒グラフやグループや変数の要約が可能なクラスタ棒グラフ、累積度数などを把握するための積み上げ棒グラフがあります。
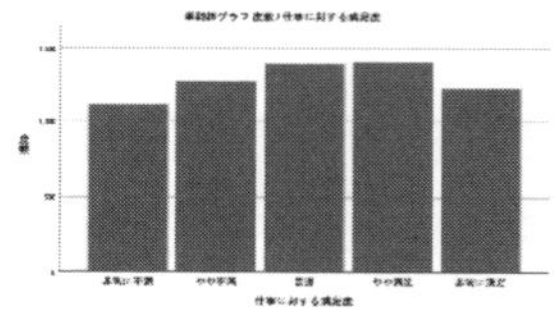

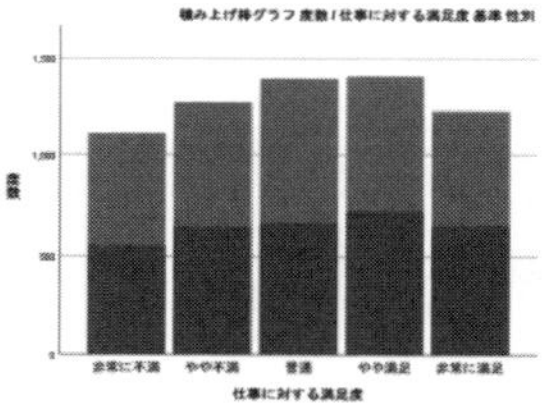

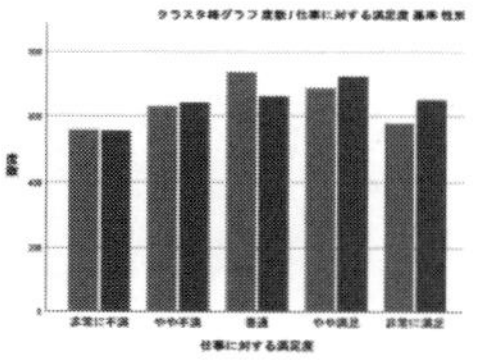
</td></tr>
<tr><td>折れ線グラフ</td><td>頂点のみを線で結ぶグラフが折れ線グラフです。特に時系列データの表現に適しています。
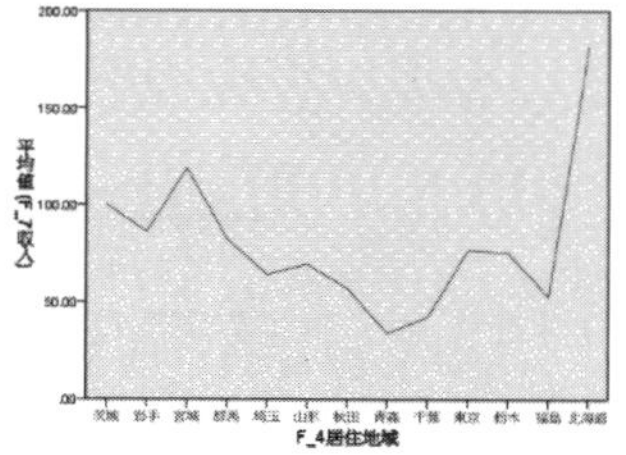
</td></tr>
<tr><td>面グラフ</td><td>棒グラフと折れ線グラフのどちらの性格ももっているグラフといえます。ある事象が時系列を追ってどのように増加したのか（たとえば人口の増加など）を表現するのに適しています。
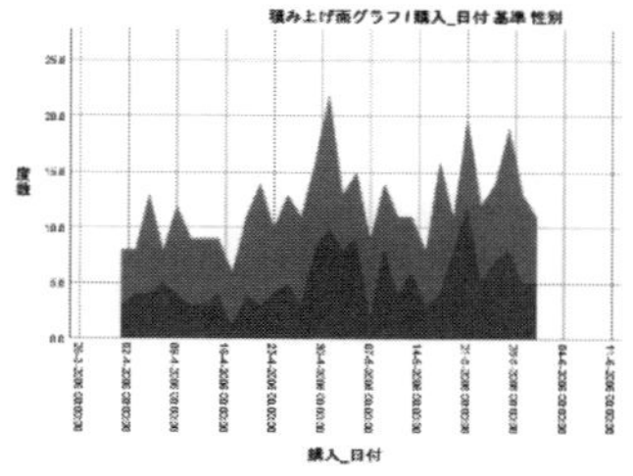
</td></tr>
</table>

グラフのタイプ	解説
円グラフ	ある変数内にあるカテゴリ値がどれくらいの比率を占めるのかを表現するのに適しています。割合はパーセンテージとして表現され、合計が 100%になるグラフです。棒グラフと共に多くの場面で利用されます。 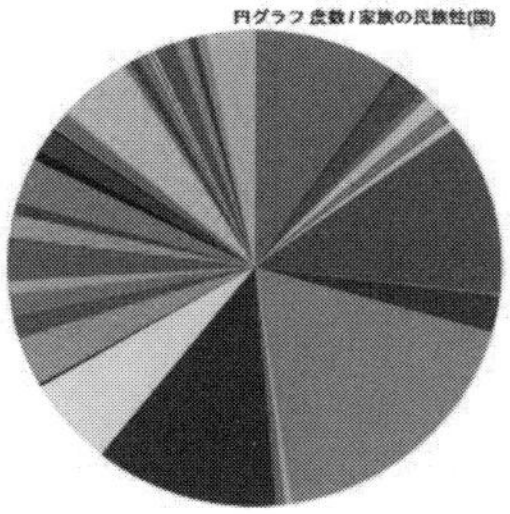
散布図	複数の変数（多変数）のデータをプロットするのに適しています。2つの量的変数、たとえば、体重と身長などのデータをそれぞれ x 軸、y 軸にプロットして表現したりするのに適しています。さらに、グループの変数を加えることで、3つの変数を同時に表現することも可能です。 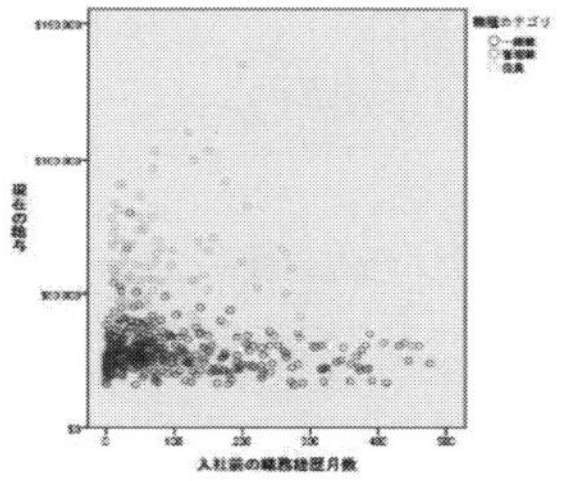
ヒストグラム	量的変数をある幅（階級）で集約して表現します。棒グラフとの違いは、それぞれ隣り合ったグラフの柱が隣接している点にあります。 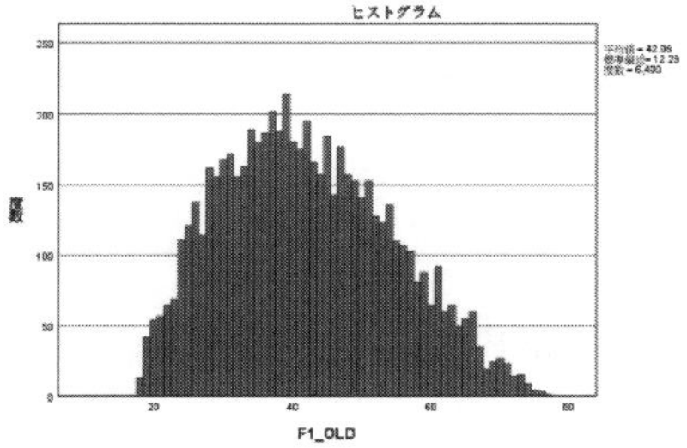
箱ひげ図	質的変数と量的変数を組み合わせて表現する手法です。箱ひげ図は、最小値、最大値、第 1 四分位数（下位から 25%の値）、中央値、第 3 四分位数（上位から 25%の値）や平均値を表現しています。分布の大まかな把握などに適しているグラフといえるでしょう。 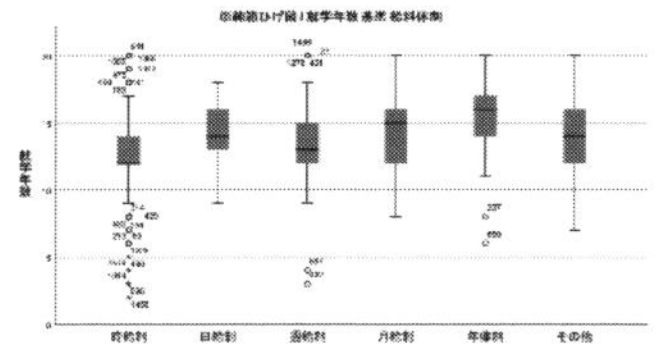

3−4 グラフでデータの分布を確認する

SPSSには、いくつかのグラフ作成方法があります。ここでは、次の２つの方法を紹介しましょう。

- ［**グラフボード テンプレート選択**］で作図する方法
- ［**図表ビルダー**］で作図する方法

［**グラフボード テンプレート選択**］は、視覚化したい変数を指定するだけで、作成可能なグラフ候補を表示してくれます。一方、［**図表ビルダー**］は、作成するグラフを自身で指定して、より自由にグラフを作成することができる機能です。作成したいグラフや変数がすでに決まっている場合のグラフエディタといえます。

まずは、［**グラフボード テンプレート選択**］を利用して、ヒストグラムを作成してみましょう。

■［グラフボード テンプレート選択］でのグラフ作成

手順❶　メニューバーから［グラフ］＞［**グラフボード テンプレート選択**］を選びます。

手順❷　［**グラフボード テンプレート選択**］のダイアログで、左側の一覧にある変数の候補の中から視覚化したい変数を選択します。ここでは、「**年齢**」を選びます。
なお、「**年齢**」と「**性別**」など複数の変数を選択すると、２つの変数間で作成できるグラフが候補として出現します。

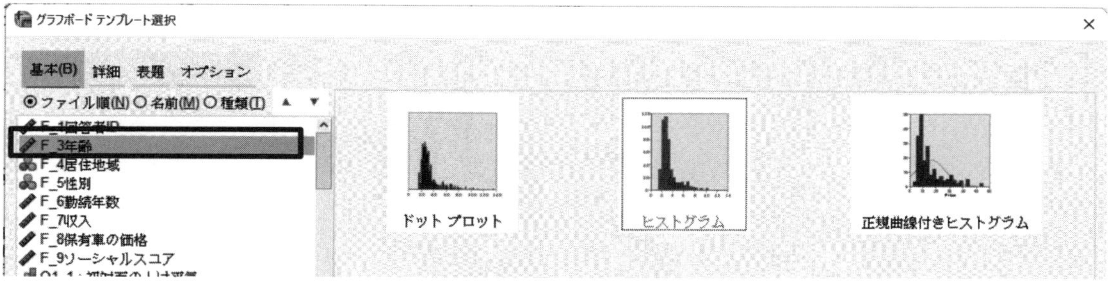

手順❸ 変数を選択すると右側の部分に作成可能なグラフが表示されるので、目的にあったグラフを選択します。ここでは［**ヒストグラム**］を選択し、 OK を押します。

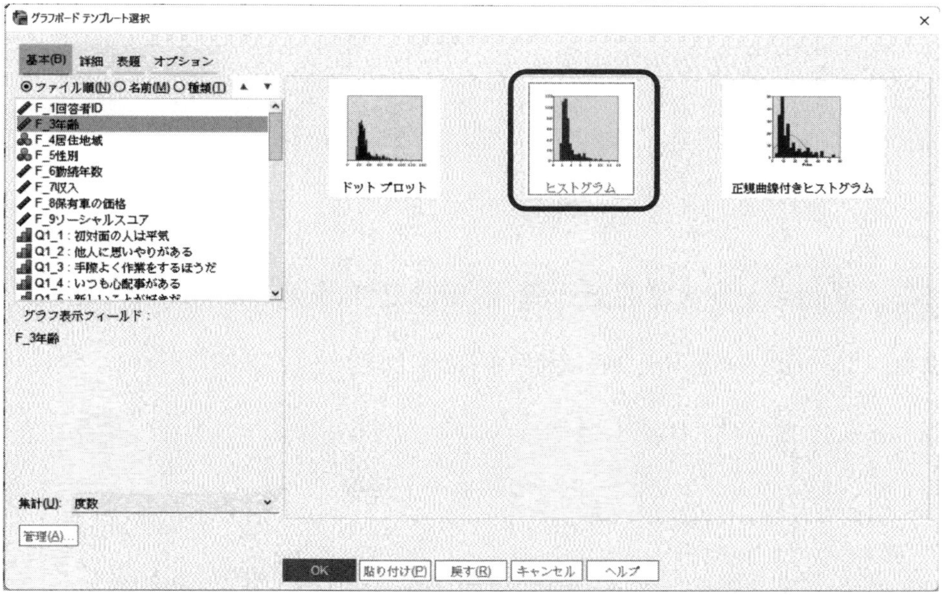

出力ビューにグラフが表示されているか、確認してみましょう。

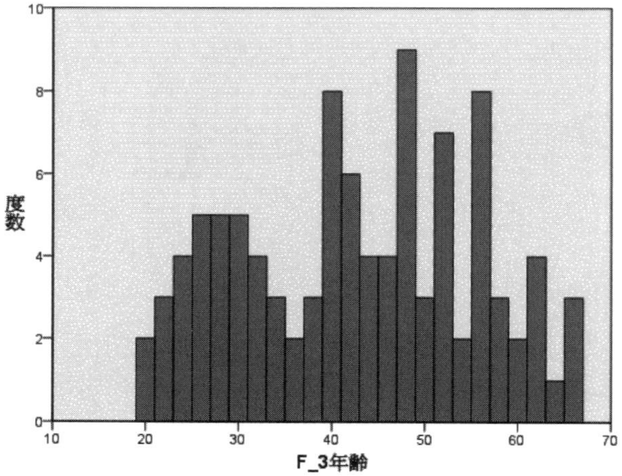

今回年齢のデータは、20 歳から 66 歳までのデータでした。先ほどの記述統計の結果も参照しながらデータの特徴を把握するようにしましょう。

続いて、複数の変数を利用したグラフの作成を行っていきましょう。

3−5 量的データ×量的データ：散布図を作成する

量的変数同士の関係を把握するために利用する散布図を作成してみましょう。

手順❶ これまでの作業を再度行います。ダイアログリコールのアイコン をクリック。いちばん上の［**グラフボード テンプレート選択**］を選びます。

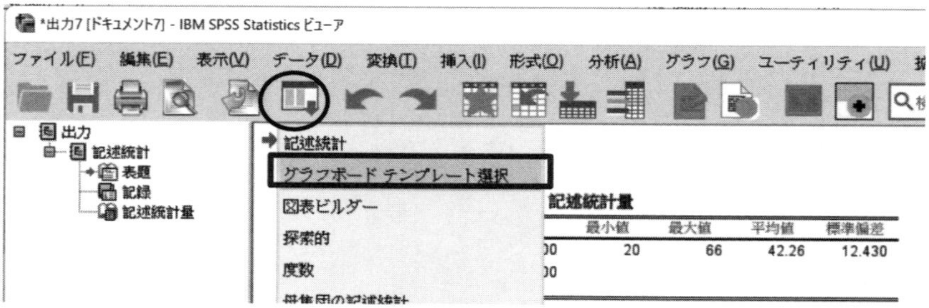

＊データエディタの画面でも同じ作業ができます。

手順❷ 再び同じダイアログが表示されるので、量的変数である「年齢」と「車の価格」を選択しましょう。複数の変数を選択する際にはキーボードの「Ctrl」キーを押しながら変数を選択すると複数の変数が選択可能です。「散布図」を選択して「OK」を押しましょう。

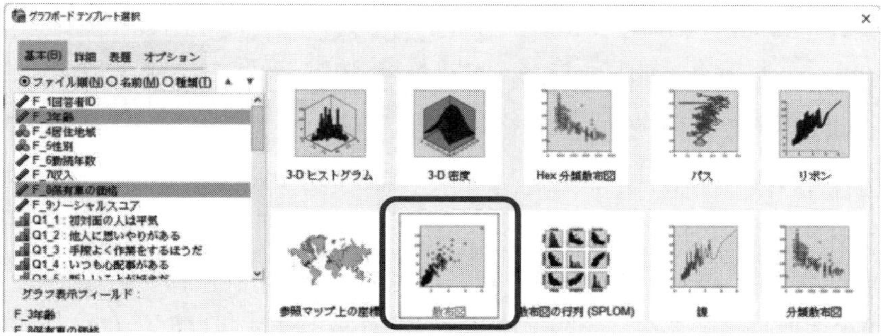

散布図が作成されます。相関分析などでも利用するグラフです。覚えておきましょう。

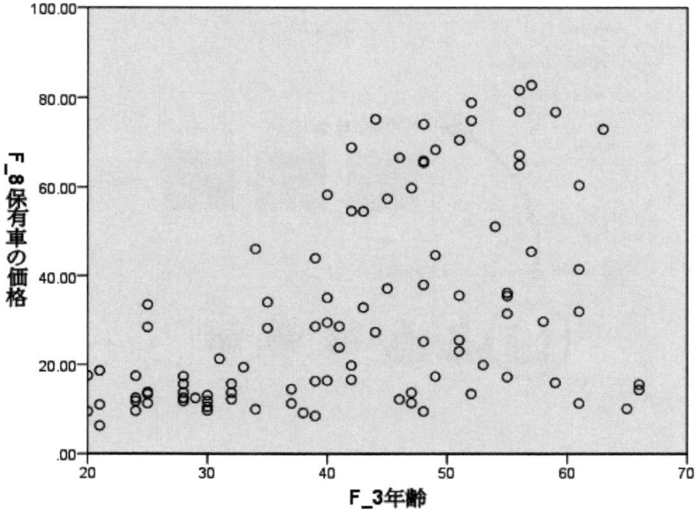

■［図表ビルダー］でのグラフ作成

もう一つのグラフ作成方法である「図表ビルダー」についても実行していきましょう。

手順❶　メニューバーから［**グラフ**］＞［**図表ビルダー**］を選びます。

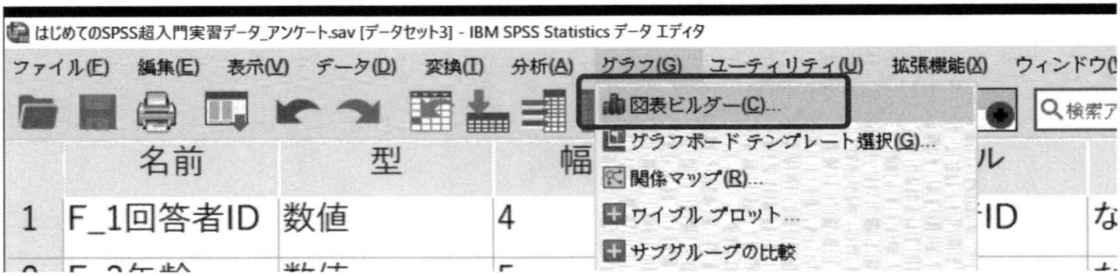

手順❷　画面下の［**ギャラリ**］部分には、さまざまな図表が用意されているので、作成したい図表を選択しましょう。今回は棒グラフを作成します。［**棒グラフ**］を選択して上部の空欄にドラッグすると、次のようになります。

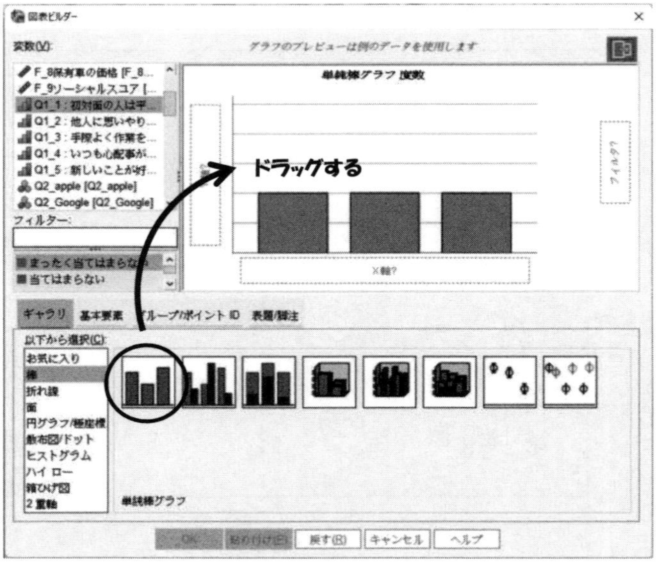

手順❸　続いて、グラフにしたい変数を左側から選択し、右側の［X 軸？］の点線部分にドラッグアンドドロップして移動します。今回の場合は、Q1_1 の変数を選択しました。

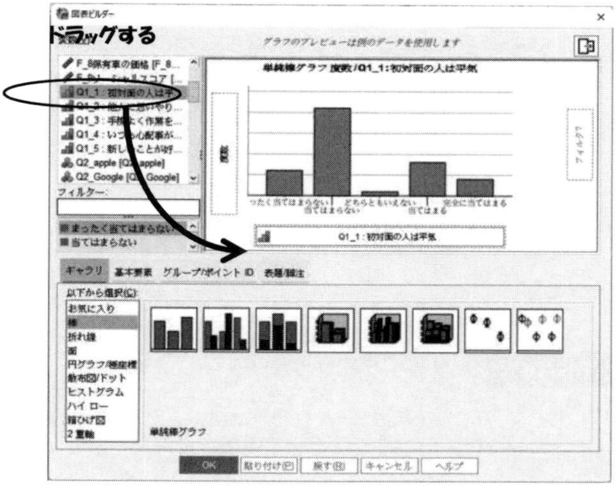

手順❹　グラフの部分の表示はあくまでもサンプルです。最後に OK を押します。出力ビューに棒グラフが表示されます。

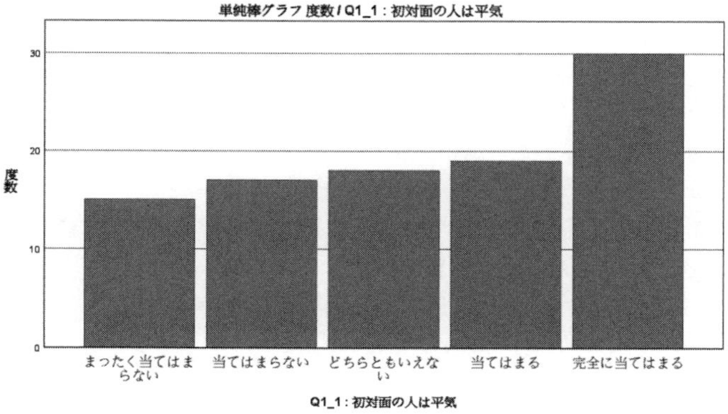

出力ビューには、記述統計量の表や変数ごとのグラフが数多く蓄積されています。これらのデータがなくなることのないように、小まめに保存することをお勧めします（保存は前述のとおり、［**ファイル**］＞［**名前をつけて保存**］、もしくは［**上書き保存**］を選びます）。

また、分析を行ったことで判明したこと、疑問に思ったことなどは、ノートやパソコンなどにメモしておき、データの扱いだけにとらわれず、いま何をしているのかを把握しながら分析を進めていきましょう。

ワンポイント・アドバイス　集計表・グラフの作成

グラフの作成には、次の２つの効果があります。

①　データの分析に役立つ
②　結果を伝達できる

①　データの分析に役立つ

代表はヒストグラムや箱ひげ図です。

データはグラフにすることで「データの特徴」が視覚化され、大小関係の比較や、増減傾向、構成割合を考察できます。データの表層を理解したうえで傾向を示唆できるかどうかを考えるのに有効です。

②　集計や分析した「結果」を伝える

棒グラフ、折れ線グラフ、円グラフ、帯グラフなどがこれにあたります。

数字を眺めているだけでは明確でない構造や関係などが視覚化されることで訴求力をもち、統計に詳しくない人にも理解がしやすくなります。これは統計グラフのもつ大きな特徴といえます。

ただし、グラフの作成の仕方によっては悪用や誤用につながってしまうこともあります。

3－6　正規性の確認（正規性の検定）

さて、尺度の確認と記述統計が終了したら、検定をはじめとする推測統計を行っていくことになります。その際の手法選択については、量的データの場合には正規分布しているか否かによって選択する手法が異なります。そのため、データが正規性を有しているのかを確認するために正規性の検定を実行します。

なお、量的データの正規性の確認は、基礎統計・集計の際に実施をしましょう。

先述の通り、検定結果によって、アルゴリズム選択を決定します。具体的には、正規性があるデータの場合には、パラメトリックを、正規性がないデータの場合には、ノンパラメトリックの手法を選択することになります。例えば 2 グループ間の比較を行う際には、正規分布している場合には t 検定を、正規性がない場合には、マンホイットニーの U 検定をはじめとする**ノンパラメトリック検定**を選択することになります。

なぜこのような手続きが必要なのか、それは統計の手法は万能ではなくデータの型によって手法を選択する必要があるからです。また、従来型の分析手法の多くが正規分布をしているデータが前提となっているため、それを事前にチェックして適切な手法を選択する必要があるためです。

手順❶　メニューバーから［**分析**］＞［**記述統計**］＞［**探索的**］を選びます。

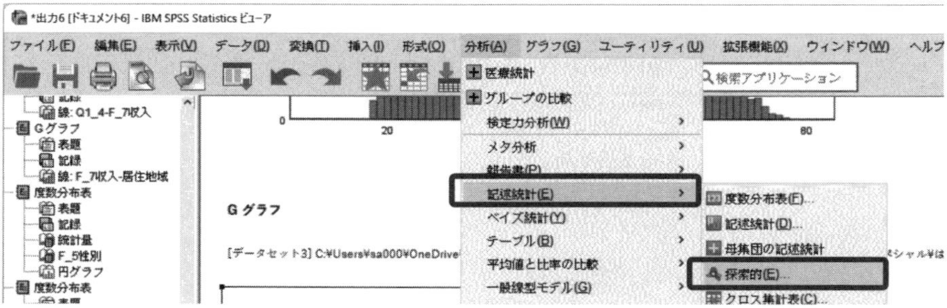

手順❷　従属変数の部分に量的変数を選択します。今回の場合には、年齢、勤務年数、収入、保有者の価格、ソーシャルスコアを選択しました。続いて作図をクリックしましょう。

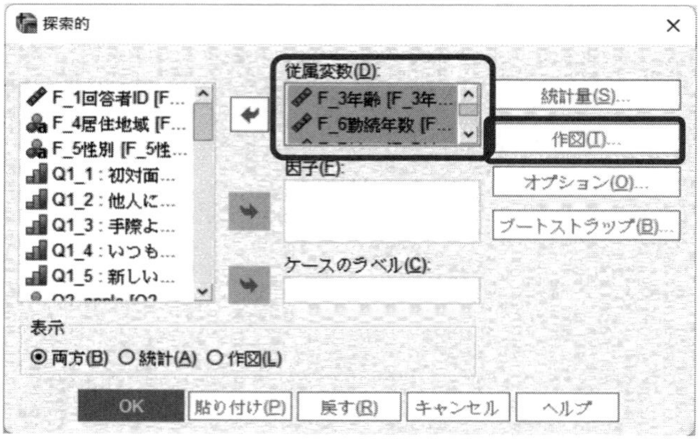

手順❸　作図 のダイアログでは[正規性の検定とプロット]をクリックします。設定したら続行をクリックし、OKを押しましょう。

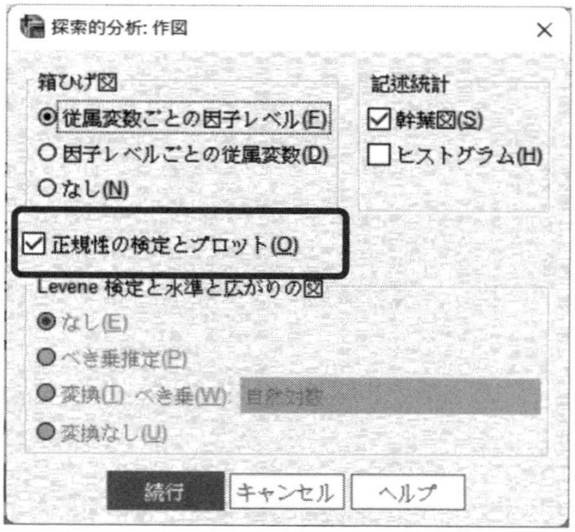

手順❹　正規性の検定結果を確認します。サンプル数が 50 以下の場合には、Shapiro-Wilk の検定結果を、それ以上であれば Kolmogorov-Smirnov の正規性の検定を確認します。

正規性の検定

	Kolmogorov-Smirnov の正規性の検定 (探索的)[a]			Shapiro-Wilk		
	統計量	自由度	有意確率	統計量	自由度	有意確率
F_3年齢	.078	100	.138	.967	100	.014
F_6勤続年数	.123	100	<.001	.917	100	<.001
F_7収入	.291	100	<.001	.476	100	<.001
F_8保有車の価格	.183	100	<.001	.850	100	<.001
F_9ソーシャルスコア	.078	100	.138	.967	100	.014

a. Lilliefors 有意確率の修正

読み方については、少し注意が必要です。有意確率が 0.05(.05)よりも小さい場合は「正規分布に従っている」という帰無仮説が棄却されるため、つまり正規分布ではないと判断します。つまり 0.05 を超える場合には正分布していると考えるということです。

- **0.05 より大きい=正規分布に従っている⇒パラメトリック検定を選択**
- **0.05 より小さい=正規分布に従っていない⇒ノンパラメトリック検定を選択**

この検定結果によって、パラメトリックの手法を選択するのか、ノンパラメトリック手法を選択するのかを決定することになりますので必ずこの検定は実施するようにしましょう。

さて、この正規性の検定の結果には、Q-Q プロットなどのグラフも表示されます。

Q-Q プロットは、対角線から乖離があるほど正規分布ではない分布であると判断します。しかし視覚的な判定なので指標を利用して把握する必要がある。そのために正規性の検定を実行するということになります。

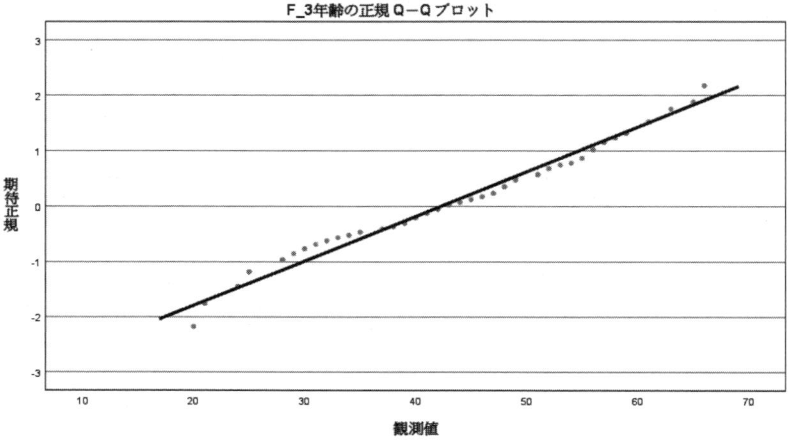

■グループの比較をする際の正規性の確認方法

なお、グループの比較を行う際に事前に正規性の検定を行う場合には、設定の「因子」にグループの変数を設定しましょう。また結果については、群間のいずれも正規性がある場合にはパラメトリック手法を、1つでも正規性がない場合にはノンパラメトリック手法を選択するようにしましょう。

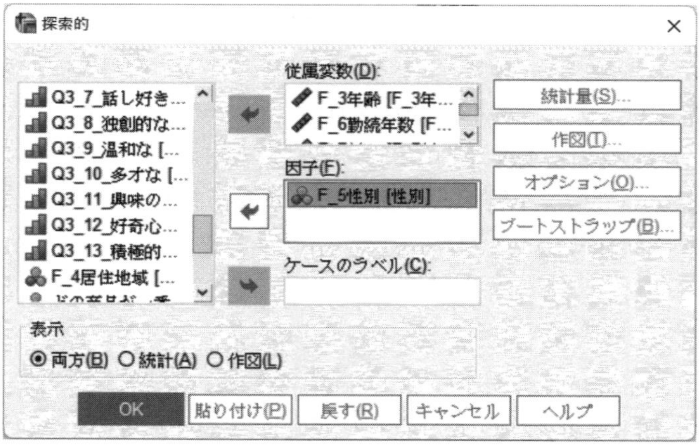

第 4 章　2つの変数の関係性を把握する

個々の変数の特徴を理解したら、続いて変数間どうしの関係性を見ていきましょう。この章では２つの変数間の関係性に注目して、量的変数どうしの関係性を把握するための「相関分析」、質的変数の関係性を把握するための「クロス集計」について解説を進めていきます。

4－1　量的な変数どうしの関係性を把握する：相関分析

身長と体重などの２つの量的な変数間の関係性を把握するための分析手法の代表格、それが**相関分析**です。一方の変数の数値が増加したとき、他方の変数の値がどのように変化するのか、増加するのか、減少するのか、もしくは変化しないのかを調べることで、変数どうしが影響しあっているのかどうかを把握する手法です。

SPSS での操作に入る前に、相関分析の基本的な考え方を紹介しましょう。

相関分析においては、**相関係数「r」**という数値を用いて２つの変数間の関係性の強弱を把握します。この相関係数は－１から０を通り越して＋１の間の値をとります。

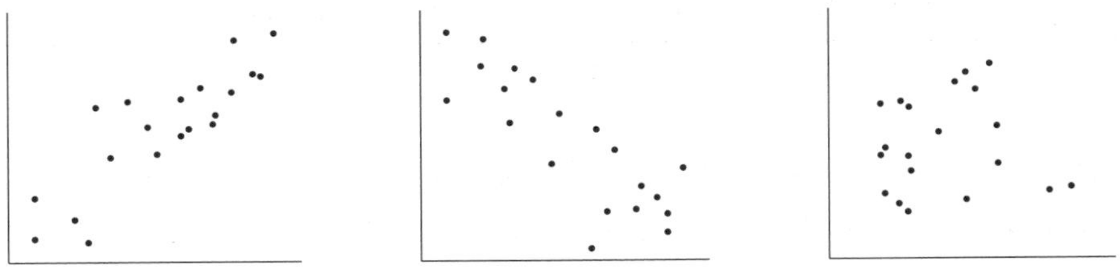

正の相関関係　　負の相関関係　　無相関

相関係数は、１に近ければ近いほど「一方の変数の値が大きくなるにつれ、もう一方の変数の値も大きくなる」傾向が強いことを意味しています。これを**「正の相関関係がある」**といいます。また、－１に近ければ近いほど、「一方の変数の値が大きくなるにつれ、もう一方の変数の値は小さくなる」傾向が強いことを意味しています。これを**「負の相関関係があ**

る」といいます。またそれぞれに上記のような関係性が見られないものを**「無相関」**といいます。なお、相関関係を表す相関係数「r」は次の式で表されます。

$$\text{相関係数}\ r = \frac{\frac{1}{n}\sum_{i=1}^{n}(x_i-\overline{x})(y_i-\overline{y})}{\sqrt{\frac{1}{n}\sum_{i=1}^{n}(x_i-\overline{x})^2}\sqrt{\frac{1}{n}\sum_{i=1}^{n}(y_i-\overline{y})^2}}$$

ただし、$\bar{x}$ は x の平均、$\overline{y}$ は y の平均

数式だけを見ると少し難しいかもしれませんが、この式は次のようなことを表しています。

$$\text{相関係数}\ r = \frac{x\text{と}y\text{の共分散}}{x\text{の標準偏差}\quad\times\quad y\text{の標準偏差}}$$

分子にある共分散（x と y の値と、x の平均、y の平均の差の積をデータ数で割ったもの）は、一方の変数の値が増加した際に、もう一方の変数がどのように変化するのかを表します。共分散の値は、値が大きければ大きいほど２つの変数の関係が強いことを意味しています。

$$\text{共分散} = \frac{\text{それぞれの}\left\{(x\text{の値}-x\text{の平均値）}\times\text{（}y\text{の値}-y\text{の平均値）}\right\}\text{の合計}}{\text{データの個数}}$$

この共分散だけでもそれぞれの変数間の関係性は把握することができるのですが、同じ単位のものしか比較することができないという欠点があります。例えば「身長」と「体重」の関係性と、「身長」と「座高」の関係性について、単位に着目すると、身長(cm)と体重(Kg)は「cmkg」、身長（cm）と座高（cm）は「cm^2」です。そのため、単位の違うもの同士も比較できるようにするために、標準偏差を利用してその単位の違いを取り除くという処理を行うわけです。なお、分母は、x軸方向、y軸方向の全体でのバラツキを表現しています。これにより全体でのデータのバラツキ具合に対して、それぞれの変数がどれくらい、そしてどのように変動するのかを表すものといえます。

式の性格上、たとえば一つの変数の値が増加した際に、もう一方の値がすべて同じように増加すれば相関係数は1に近づきます。また、一方の変数の値が減少した際に、もう一つの変数の値が同じように減少すれば相関係数は－1に近づきます。

ここで理解を深めるために、例を用いて相関係数を算出してみましょう。次のような10人分の身長と体重のデータがあったとします。度数分布表と散布図は以下のようになります。

ID	名前	身長（cm）	体重（kg）
1	Aさん	172	65
2	Bさん	165	55
3	Cさん	180	80
4	Dさん	153	45
5	Eさん	173	70
6	Fさn	165	78
7	Gさん	157	65
8	Hさん	159	48
9	Iさん	162	50
10	Jさん	178	78
	合計	1660	630
	平均	166	63

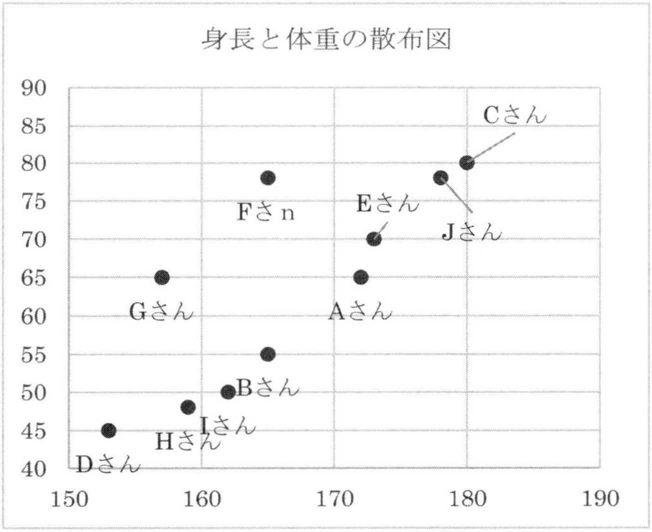

それでは、相関係数の分母と分子についてそれぞれ値を求めてみましょう。計算の上で必要なパーツは、「xとyの共分散」と「xの標準偏差」、「yの標準偏差」ですね。それぞれについて計算をしていきましょう。

Step-1：共分散の計算

分子にある共分散を求めましょう。

$$共分散 = \frac{それぞれの\{(xの値 - xの平均値)① \times (yの値 - yの平均値)②\}③の合計}{データの個数}$$

まず一人ずつの身長、体重とそれぞれの平均値の差を求めます（①と②）。平均値を計算できたら平均値と個々人の値との差ですのでかんたんですね。身長、体重それぞれに差分が計算されます。その差同士を掛け合わせたものが③に該当します。その個々人の③を全員分足し合わせたものが計算されますね（④）。その値をデータ数で割ったもの（つまり平均）⑤が**共分散**の値となります。

	① 平均身長との差	② 平均体重との差	①×② 各平均の差の積
A さん	-5.6	-1.6	8.96
B さん	1.4	8.4	11.76
C さん	-13.6	-16.6	225.76
D さん	13.4	18.4	246.56
E さん	-6.6	-6.6	43.56
F さN	1.4	-14.6	-20.44
G さん	9.4	-1.6	-15.04
H さん	7.4	15.4	113.96
I さん	4.4	13.4	58.96
J さん	-11.6	-14.6	169.36
合計	0	0	④843.40
平均	0	0	⑤84.34

共分散の値は84.34となりました。この共分散は値が大きいほど2つの変数間の関連が強いことを示しています。また、先述の通り、共分散の値は相関係数の分子に当たる部分となります。イメージとしては以下のように2つの変数の面積を足し合わせて一人分の面積を求めているようなイメージです。

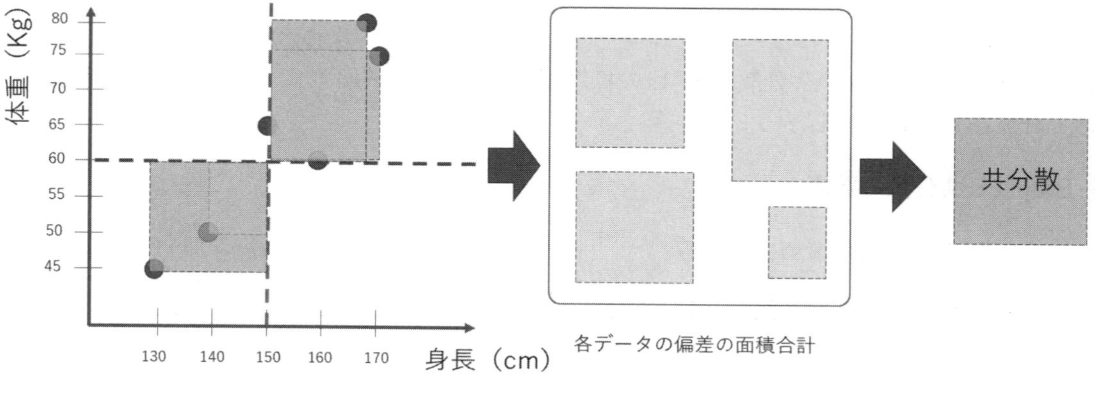

Step-2：2 つの変数の標準偏差の計算

それでは、続いて分母について考えてみましょう。分母はそれぞれの変数の標準偏差を掛け合わせたものでしたね。今回の 10 人分のデータの分散と標準偏差を改めて算出してみましょう。分散や標準偏差は、各変数において個々のデータが平均的に平均からどれくらいばらついているのかを確認するものでした。今回のこの 10 名分の体重、身長のそれぞれの分散は、身長の分散が 82.3、体重の分散が 175.2 です。また、標準偏差は、身長は 8.6、体重が 12.6 となります。

Step-3：相関係数の計算

これで、相関係数を算出するための各要素の計算が終了しました。共分散 84.34、身長の標準偏差 8.6、体重の標準偏差 12.6 を代入してみましょう。

$$\text{相関係数}\ r = \frac{\text{身長と体重の共分散}}{\text{身長の標準偏差} \quad \times \quad \text{体重の標準偏差}}$$

$$= \frac{84.34}{8.6 \times 12.6} = \frac{84.34}{108.035}$$

$$= 0.7806$$

この値 0.7806 が**相関係数 *r*** です。この相関係数を**ピアソンの相関係数**もしくは**積率相関係数**といいます。

一般的に相関係数自体は次のように判断を行います。

相関係数 0.2 以下	相関係数 0.2～0.4	相関係数 0.4～0.6	相関係数 0.6 以上
関係はない	弱い連関がある	中程度の連関がある	強い連関がある

■相関分析に関しての注意点

相関分析の結果を判断する際にいくつかの注意点があります。はじめに「**相関分析の結果は、２変数間の因果関係を表すものではない**」という点です。変数Ａと変数Ｂの相関係数が１に近い結果を得たとしても、それは「Ａが変化したことによりＢが変化した」もしくは「Ｂが変化したことによりＡが変化した」とは言い切れません。あくまでも２つの変数に関係があるのか、ないのかを分析するために利用します。もう一つが、疑似相関です。これはあたかもＡとＢの２つの変数に関係がありそうだと相関係数で判断できるとしても、実はＣがＡとＢに影響を及ぼしているが故にＡとＢに相関があるように見えるということもあり得るのです。結果だけで判断せずに周辺の情報も含めて考える必要があることを覚えておきましょう。

注意 相関係数

相関係数にはいくつか注意が必要です。分布が次のようになったときにも、理論上は相関係数が算出されます。しかし、この相関係数はあまり意味がありません。

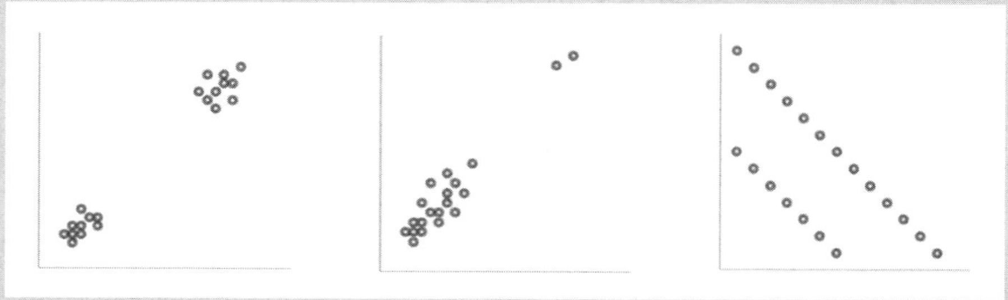

ところで、相関係数を考えるうえで、散布図で表したときの傾きには意味がありません。相関係数が－１もしくは１になるとき、すべての点が一直線上に並びますが、角度の浅い直線も角度の深い直線も存在します。

相関係数はあくまでも２つの変数間の関係性が、直線上に並ぶのか、関係が正なのか負なのか、もしくは関係がないのかを把握するために利用しています。

なお、のちに紹介する回析分析では傾きを扱います。

4-2 SPSSで実行する相関分析

それでは、SPSSで相関分析を実行してみましょう。

■相関分析の手順

手順❶ メニューバーから［**分析**］＞［**相関**］＞［**2 変量**］を選びます。

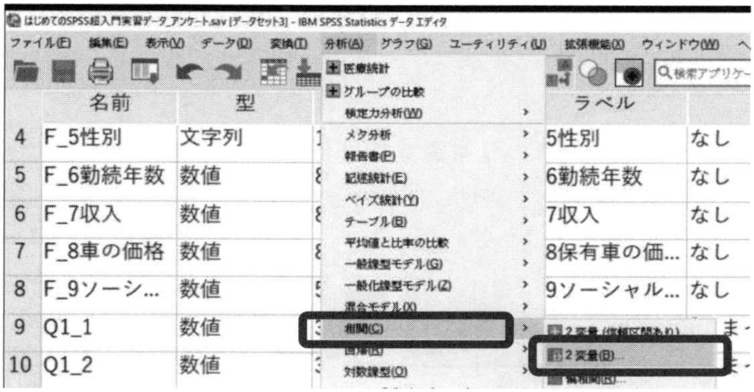

手順❷ ［**2 変量の相関分析**］ダイアログが表示されたら、左側にある変数一覧から、必要な変数を で右側に移動します。今回は、量的変数を扱いますので、スケール の変数を選択します。

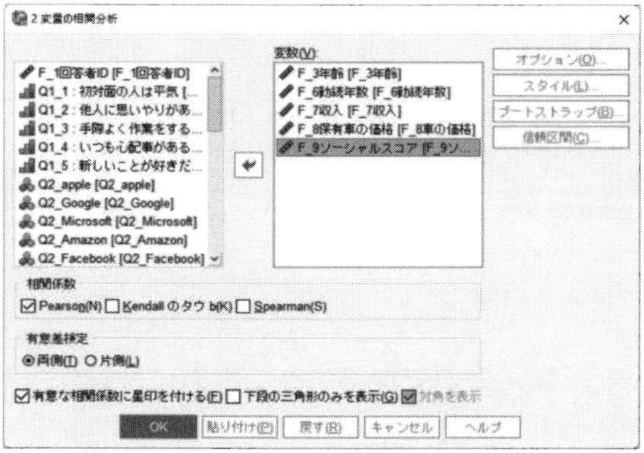

複数の変数を選ぶと、それぞれの組み合わせの相関係数がマトリクス（総当たり）形式で出力されます。

手順❸ 続けて変数間の関係性を表す［**相関係数**］の部分を選択します。今回は[Pearson]「Spearman」を選択します。「Pearson」は、先述のピアソンの相関係数であり正規分布している量的変数のときに利用します。なお、データが質的尺度、しかも順序尺度の場合や正規分布をしていない場合には、［Kendall（ケンドール）**のタウ** b］、もしくは［Spearman］（スピアマン）を選択します。

手順❹ さらに、ダイアログの下の［**有意な相関係数に星印を付ける**］にチェックが入っていることを確認して OK を押しましょう。出力ビューに結果が表示されました。

相関

		F_3年齢	F_6勤続年数	F_7収入	F_8保有車の価格	F_9ソーシャルスコア
F_3年齢	Pearson の相関係数	1	.669**	.038	.488**	.195
	有意確率 (両側)		<.001	.711	<.001	.052
	度数	100	100	100	100	100
F_6勤続年数	Pearson の相関係数	.669**	1	-.101	.381**	.137
	有意確率 (両側)	<.001		.318	<.001	.175
	度数	100	100	100	100	100
F_7収入	Pearson の相関係数	.038	-.101	1	-.097	-.088
	有意確率 (両側)	.711	.318		.338	.385
	度数	100	100	100	100	100
F_8保有車の価格	Pearson の相関係数	.488**	.381**	-.097	1	.080
	有意確率 (両側)	<.001	<.001	.338		.430
	度数	100	100	100	100	100
F_9ソーシャルスコア	Pearson の相関係数	.195	.137	-.088	.080	1
	有意確率 (両側)	.052	.175	.385	.430	
	度数	100	100	100	100	100

**. 相関係数は 1% 水準で有意 (両側) です。

相関分析自体は、２つの変数同士の分析ですが、出力には投入した変数分の組み合わせが表示されています。出力された表の中で、統計的に有意なものについては［*］が表示されています。これは「帰無仮説 H_0：それぞれの変数間の項目は無相関である」という仮説を検証していることを示します。５％水準以下のときには、無相関である仮説が棄却され、対立仮説が採用されます。つまり、２つの変数は無相関ではなく、何らかの相関があるということです。

今回のデータでは、３つの変数間に統計的に有意な正の相関関係があることがわかりました。一方の値が上昇すれば、もう一方の値も上昇するということです。

例えば、「年齢」と「勤続年数」の相関係数は、0.669 の強い相関があることがわかります。また、「年齢」と「車の価格」には0.488という中程度の相関があることがわかりました。また、「車の価格」と「勤続年数」には、0.381の中程度の相関があるようです。

一方、「年齢」と「収入」には相関がありません。また「ソーシャルスコア」に関しても同様に相関がありません。このように相関係数はあくまでも２変数同士の関係を示しています。それぞれの変数間での相関を確認するということに意味があります。

なお、相関分析の結果の表は、行方向、列方向のどちらも同様の変数が記載されています。つまり変数の総当たりの表になっています。これは、同じ組み合わせが表の中に 2 つあることを意味しています。そのため、表において対角線の上か下かいずれかを確認すればよいということになります。

相関

		F_3年齢	F_6勤続年数	F_7収入	F_8保有車の価格	F_9ソーシャルスコア
F_3年齢	Pearson の相関係数	--				
	度数	100				
F_6勤続年数	Pearson の相関係数	.669**	--			
	有意確率 (両側)	<.001				
	度数	100	100			
F_7収入	Pearson の相関係数	.038	-.101	--		
	有意確率 (両側)	.711	.318			
	度数	100	100	100		
F_8保有車の価格	Pearson の相関係数	.488**	.381**	-.097	--	
	有意確率 (両側)	<.001	<.001	.338		
	度数	100	100	100	100	
F_9ソーシャルスコア	Pearson の相関係数	.195	.137	-.088	.080	--
	有意確率 (両側)	.052	.175	.385	.430	
	度数	100	100	100	100	100

**. 相関係数は 1% 水準で有意 (両側) です。

4−3　質的な変数どうしの関係性を把握：クロス集計とカイ２乗検定

次に、質的変数間の関係性を調べる方法について解説をします。その代表格は**クロス集計表**と**カイ二乗検定**です。クロス集計表とカイ二乗検定は、多くの場面で利用される非常に便利な分析手法です。たとえば、お店の満足度調査で、自分のお店の評価を「非常に満足」から「非常に不満」の５段階で調査をしたとしましょう。100名から回答を得たこのアンケートの結果から何が読みとれるでしょうか？　まずは、満足度の変数だけを利用した場合を見てみましょう。

満足度	人数
非常に不満	15名
やや不満	20名
不満	30名
やや満足	20名
非常に満足	15名

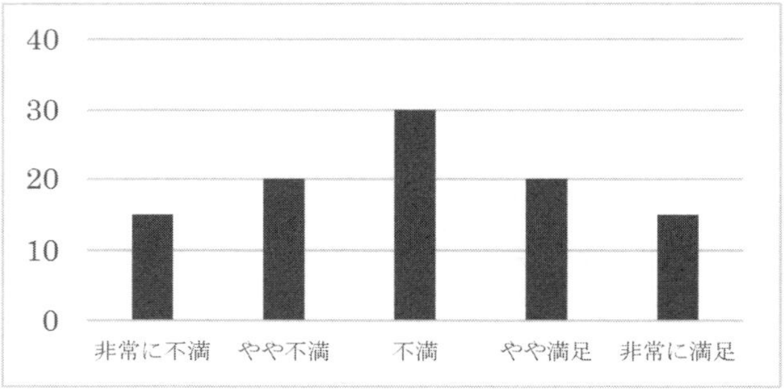

「非常に不満」から、「非常に満足」まで、まんべんなく分布しているようです。それでは性別ごとにこの満足度は違うのでしょうか？ 先ほどの満足度に性別を加味した表を作成してみましょう。これがクロス集計表です。２つの質的変数の関係性を見ることができます。

今回の場合には、「性別」と「満足度」の2つの変数ですね。満足度は順序尺度、性別は名義尺度でいずれも質的変数です。なお、クロス集計の表現として、行と列の数からm×nや，m×l などと表現する場合があります。

	男性	女性
非常に不満	10	5
やや不満	15	5
不満	15	15
やや満足	5	15
非常に満足	5	10

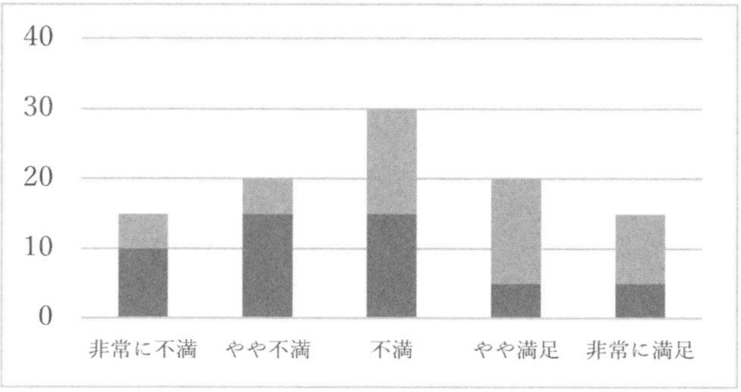

どうやら満足度は性別によって差があるように思われます。女性の方が、満足度が高いようにも見えます。しかしながら、本当に差があるとしてもよいのでしょうか？ それを確認するために行うのがカイ２乗検定です。まずはカイ２乗検定とは何かについて解説をしていきましょう。

■カイ２乗検定を理解する

カイ２乗検定は、２つの変数が独立であるか、つまり関連しているのかを確かめるための検定手法です。

カイ２乗検定の考え方を簡単な例を元にして考えてみましょう。

甘いものが好きか嫌いか問題

	男性	女性	
甘いものが好き	15 名	35 名	→ 50 名
甘いものが嫌い	35 名	15 名	→ 50 名
	↓ 50 名	↓ 50 名	

たとえば、上記のように男女合計 100 名に甘いものが好きか嫌いかを調査した結果があります。男性 50 名、女性 50 名です。甘いものが好きな人と嫌いな人も 50 名、50 名ずつ。この結果から、何が読み解けるでしょうか？

表だけを見ると、女性は甘いものが好きな人が多く、男性は甘いものが好きではない人が多いということがなんとなくわかります。この事象は統計的に見たらどのようにいえるのでしょうか？ それを確認するのが、カイ２乗検定です。

カイ２乗検定の基本的な考え方は、それぞれの変数に関係性がないと仮定した場合に、標本で起きている事象がどれくらいの確率で起きるのかを確認するというものです。

基本的な考え方は、「2 つ変数に関連がないのであれば、各セルの値は人数比に従うはず」として、どれくらい人数比のずれかを指標化します。カイ２乗検定は、名前の通り検定ですから検定統計量と分布が存在します。カイ２乗検定の検知統計量はカイ 2 乗値を利用します。またカイ 2 乗値はカイ 2 乗分布に従います。なおカイ２乗分布は、平均 0、分散が 1 の正規分布に従う確率変数 Z を 2 乗した値 Z^2 を足し合わせた変数の分布です。

■カイ２乗検定とカイ２乗値の進め方

カイ２乗検定の進め方は以下の通りです。仮説検定の進め方は通常の検定と変わりはありませんね。

1. ２つの仮説を作成する（帰無仮説と対立仮説）
    - 帰無仮説：2 つの変数には偏りがない（関係がない）
    - 対立仮説：2 つの変数には偏りがある（関係がある）
2. 帰無仮説を前提とした場合：それぞれのセルには、人数比率に依存した数値（期待値）が入るだろうと仮定する
3. その上で、検定統計量（カイ 2 乗値）を計算する
4. カイ 2 乗値がカイ 2 乗分布においてどのくらいの確率で起こりうるのかを確認
5. 値の確率を元に差が有意が有意ではないのかを確認

カイ２乗検定を行う際に利用する検定統計量、カイ２乗値とはどのような値でしょうか。まずは計算方法を確認してみましょう。

$$\chi^2 = \sum \frac{(f_0 - f_e)^2}{f_e} \qquad f_0 \text{：実測値} \qquad f_e \text{：期待値}$$

$$\chi^2 = \frac{(\text{実測値} - \text{期待度数})^2}{\text{期待度数}} \text{の合計値}$$

実測値は、クロス集計表における実際の値です。ここで未知のものは**「期待値」**です。期待値とは、帰無仮説が正しい（つまり２つの変数に関係がない）場合に入るであろう数のことを言います。正直、わかるような、わからないような、ですよね。そこで期待値について理解することにしましょう。

■期待値とはなにか？ 例題１

カイ二乗値の計算に利用される期待値。帰無仮説を前提とした際にそのセルに入るであろう数のことです。簡単なクロス集計表から期待値を計算してみましょう。まずは、男性50名、女性50名ずつ、甘いもの好きと嫌いが50名ずつのクロス集計の場合を考えます。

	男性	女性	合計
甘いものが好き	A	B	50名
甘いものが嫌い	C	D	50名
合計	50名	50名	100名

	男性	女性	合計
甘いものが好き	25	25	50名
甘いものが嫌い	25	25	50名
合計	50名	50名	100名

２×２のクロス集計表においてセルは４つあります。まずAとBのセルの期待値を考えてみましょう。全体では男性50名と女性50名です。つまり比率は1：1です。AとBには合計で50名ということは分かっています。仮に性別と味の選好に関連がない場合には、AとBには、全体での比率と同様の人数が入るはずですね。つまり、１：１ですから25名ずつということになります。Aには50名の50%である25名、Bにも50名の50%である25名、という計算です。CとDも同様に考えてみましょう。その結果、この場合にはA〜Bすべてにおいて25名ずつが入るということになります。

■期待値とはなにか？ 例題２

それではもう一つ例題を用いて再度期待値を計算してみましょう。今度は男性60名と女性40名、甘いもの好きと嫌いはそれぞれ40名と60名の場合です。

	男性	女性	合計
甘いものが好き	A	B	40名
甘いものが嫌い	C	D	60名
合計	60名	40名	100名

先ほどと同様に考えればそれほど難しくはありません。まずはＡとＢから考えてみましょう。ＡとＢには今回 40 名が所属しています。そして男性と女性の比率は 60：40 です。次のように計算すれば期待値が計算できます。

- ✓ Ａの期待値は「甘いもの好き 40 名」×「男性比率 60％」＝24 名
- ✓ Ｂの期待値は「甘いもの好き 40 名」×「女性比率 40％」＝16 名
- ✓ Ｃの期待値は「甘いもの嫌い 60 名」×「男性比率 60％」＝36 名
- ✓ Ｄの期待値は「甘いもの嫌い 60 名」×「女性比率 40％」＝24 名

	男性	女性	合計
甘いものが好き	24	16	40 名
甘いものが嫌い	36	24	60 名
合計	60 名	40 名	100 名

いかがでしょうか？ 期待値はそれほど難しくはありませんね。これでカイ二乗値の計算上必要な期待値の計算ができるはずです。改めてカイ二乗値の計算式を見れば、あとは実際の値さえあれば計算ができそうですね。

$$\chi^2 = \sum \frac{(f_0 - f_e)^2}{f_e} \quad f_0\text{: 実測値} \quad f_e\text{：期待値} \quad \chi^2 = \frac{(\text{実測値} - \text{期待度数})^2}{\text{期待度数}}\text{の合計値}$$

■カイ二乗値を計算してみよう。

それではいよいよカイ二乗値を計算してみましょう。それぞれのセルにおいて上記の式を代入し、セルの合計を出せばカイ二乗値が計算できます。

	男性			女性		
	実測値	期待値		実測値	期待値	
甘いもの好き	30	25	$(20-25)^2/25$ 25/25=1	30	25	$(20-25)^2/25$ 25/25=1
甘いもの嫌い	20	25	$(20-25)^2/25$ 25/25=1	20	25	$(20-25)^2/25$ 25/25=1

各セルでカイ二乗値の計算の元である値1が求まりました。この各セルの合計がカイ二乗値です。

カイ2乗値＝1＋1＋1＋1＝4

となります。この値をスピアマンのカイ2乗値といいます。カイ二乗値が求まればあとは分布にて確率を計算すればよいですね。それでは分布を確認してみましょう。

■カイ二乗分布の確認と自由度

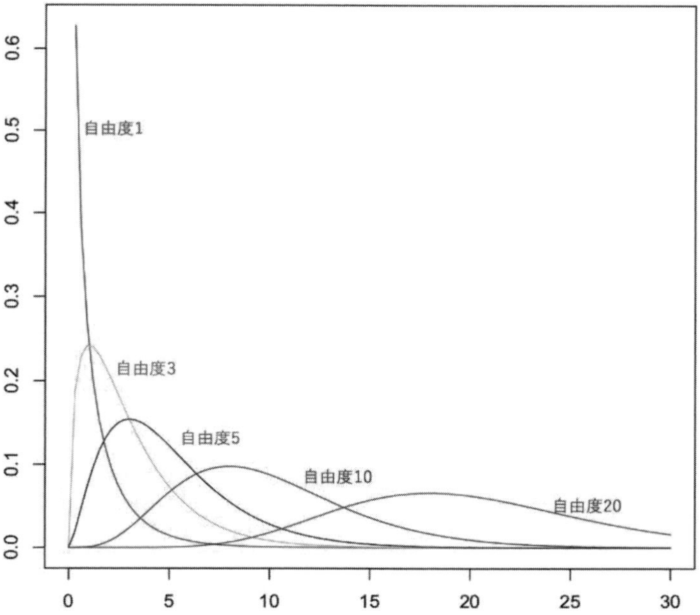

さて、カイ二乗分布を元に確率を確認しようとしたところ、上記のような分布表が出てきました。自由度という記載があり何本も線が引かれています。これでは先ほどのカイ二乗値の4という数値からどの線を選択すればよいかわかりませんね。そう、カイ二乗分布は自由度により分布の形が変わる分布です。そのため、**自由度**を理解しないといけないということになります。

「自由度」とは、自由に決めることのできる数を言います。禅問答のような回答ですね。もう少し詳しく見ていきましょう。まず自由度とは何か。次の例題を元に考えてみましょう。

各□に自由に数値を入れて式を成り立たせなさい

$$\square + \square + \square = 8$$

この例題を解くためには、まず1つ目の□に値を入れてみましょう。例えば、「４」を選択した場合、残り 2 つのセルで合計が 4 の組み合わせを成立させればよいということは自明ですね。それでは 2 つ目の□に例えば、「３」を選択した場合、残りは「１」が当然入りますね。この際に、私は「４」と「３」という 2 つの項目を自由に選択できました。一方、最後の「１」は、自由に選択はできませんでした。つまりこの 3 つの□の中の数値を選択する際に「自由に」選択できた数は２つ。これが自由度の基本的な考え方です。

それでは、カイ二乗検定の際の自由度の考え方はどうでしょうか？

クロス集計における自由度の数え方は、次のような式があります。

2 次元表における自由度＝（行の数—1）×（列の数—1）

今以下のような2×3のクロス集計表があったとし、この自由度を計算してみましょう。例えば皆さんの学校や職場でイベントや学会が開催されるとします。あなたは担当校の幹事として開催時のお弁当の手配をしなくてはならなくなりました。

今回の参加者は、男性 100 名、女性 50 名。近くの仕出し屋さんにお弁当を手配するのですが、A 弁当、B 弁当、C 弁当と数に限りがあるためにそれぞれ 50、70、30 個が限界となっています。最終的にお弁当屋さんと数を調整する段階となりました。この場合、あなたが数を決定できる項目はいくつでしょうか？　実は２つです。A の数を決定すれば、B が自動的に入力されます。C を決定すれば、残りの 4 つの項目が自動的に計算されます。そう、この場合は自由度は２です。他の場合でも同様です。確かめてみてください。

	男性	*女性*	*合計*
A 弁当	A	B	50
B 弁当	C	D	70
C 弁当	E	F	30
合計	100	50	150

さて、前頁で示したように自由度がわかれば、カイ二乗分布においてどの線を参照すればよいのかがわかりますね。あとはカイ二乗値とそれに対応する自由度の線を確認するのみです。先ほどの例の場合には、2×2 のクロス集計つまり自由度 1 の線を参照する訳です。自由度 1 のカイ二乗分布における 5%有意水準の値は 3.84 です。今回のカイ 2 乗値の方がより右側、つまり棄却域に入っているということです。

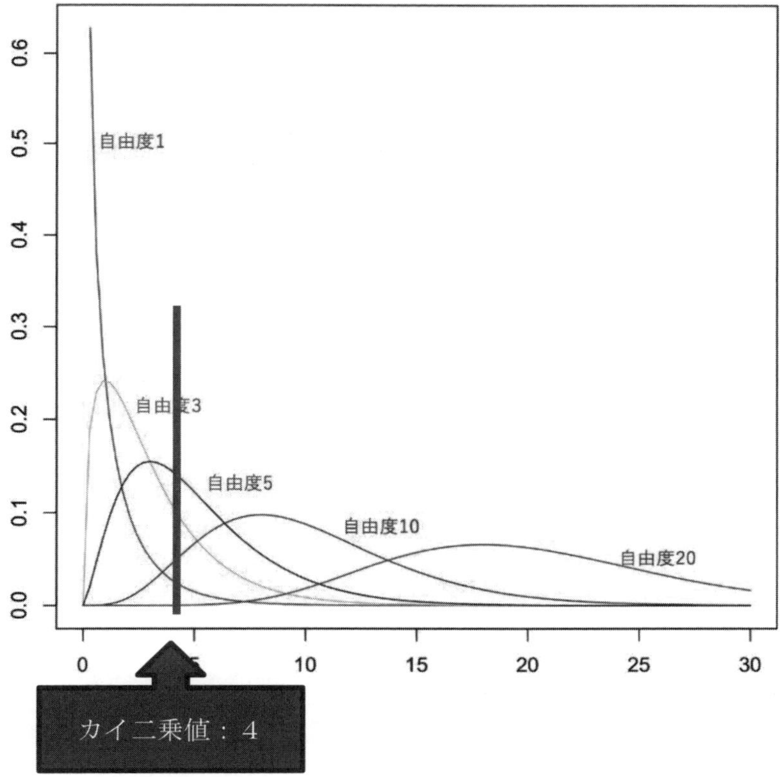

このことから、今回のカイ 2 乗値は棄却域に入っていると判断し、帰無仮説を棄却し対立仮説を採用するということで検定の結論を導き出します。

つまり、性別と味の好みには関係があるということになります。

■SPSSによるクロス集計ならびにカイ2乗検定

手順❶　メニューバーから［**分析**］＞［**記述統計**］＞［**クロス集計表**］を選びます。

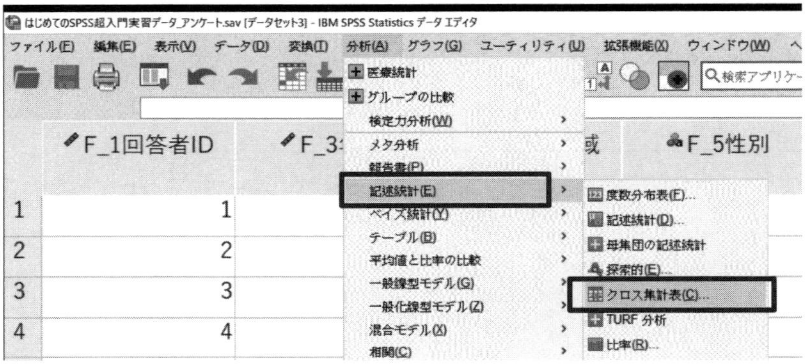

手順❷　［**クロス集計表**］ダイアログを設定します。

今回は、行に「**性別**」を、列に「**Q1_1**」の変数を入れます。

このとき、左下の［**クラスタ棒グラフの表示**］にもチェックを入れておきましょう。

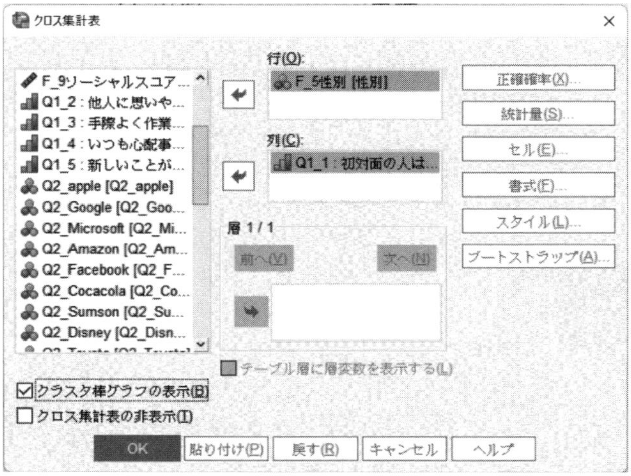

手順❸ セル のボタンを押すと、観測値と期待値、さらにパーセンテージなどの出力を設定する画面になります。度数の［**観測**］［**期待**］、パーセンテージの［**行**］、**残差の**［**調整済みの標準化**］にチェックを入れて 続行 を押します。

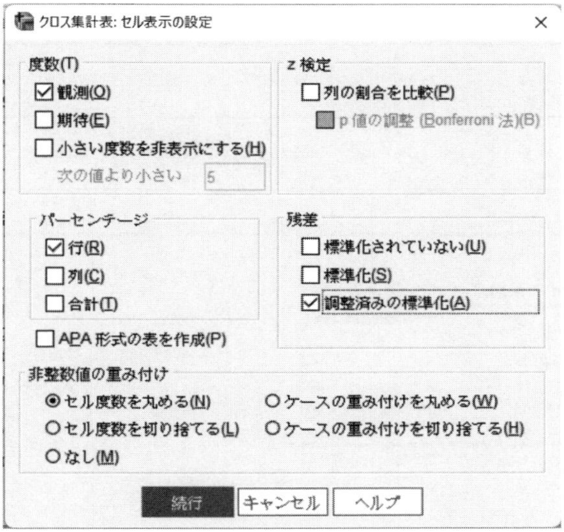

手順❹ 続いて、検定を行うための設定をします。［**クロス集計表**］の画面に戻ったら、統計量 ボタンをクリックします。［**カイ２乗**］と名義の「PhiおよびCramerV」にチェックを入れて 続行 を押します。

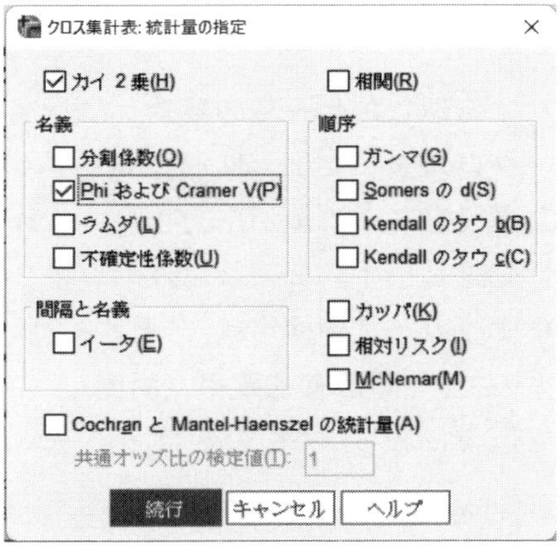

手順❺　［**クロス集計表**］の画面に戻ったら、 OK を押します。
　出力されたクロス集計表を見てみましょう。

F_5性別 と Q1_1：初対面の人は平気 のクロス表

			Q1_1：初対面の人は平気					
			まったく当てはまらない	当てはまらない	どちらともいえない	当てはまる	完全に当てはまる	合計
F_5性別	女性	度数	13	13	7	8	12	53
		F_5性別 の %	24.5%	24.5%	13.2%	15.1%	22.6%	100.0%
		調整済み残差	2.8	2.1	-1.4	-1.1	-1.8	
	男性	度数	2	4	11	11	18	46
		F_5性別 の %	4.3%	8.7%	23.9%	23.9%	39.1%	100.0%
		調整済み残差	-2.8	-2.1	1.4	1.1	1.8	
合計		度数	15	17	18	19	30	99
		F_5性別 の %	15.2%	17.2%	18.2%	19.2%	30.3%	100.0%

カイ 2 乗検定

	値	自由度	漸近有意確率 (両側)
Pearson のカイ 2 乗	14.974[a]	4	.005
尤度比	16.116	4	.003
線型と線型による連関	11.268	1	<.001
有効なケースの数	99		

a. 0 セル (0.0%) は期待度数が 5 未満です。最小期待度数は 6.97 です。

対称性による類似度

		値	近似有意確率
名義と名義	ファイ	.389	.005
	Cramer の V	.389	.005
有効なケースの数		99	

［**処理したケースの要約**］に、選択した変数と有効な件数が表示されています。また、［**クロス表**］では、性別と Q1_1 の項目の各度数が比率が表示されています。さらに、カイ２乗検定による値が出力され、これによって、上のクロス集計表の値の差に意味があるのかを確認します。２×２以外のカイ２乗検定の結果は「Pearson のカイ２乗」の部分を確認します。カイ２乗検定は、“それぞれのグループに差がない”という帰無仮説を検定しているもので、［**漸近有意確率（両側）**］の値が 0.05（５%）以下であれば、帰無仮説を棄却し、対立仮説である“2 つの変数間に差がある”という仮説を採択します。

■残差分析でどこに差があるのかを確認する

「調整済みの残差」部分では、個別のセルにおいて期待値と実測値の間の違いが有意なのかを確認することが可能です。調整済み残差においては、この値が正規分布しているものと仮定し、その差を確認します。

　1.96 よりも大きい、**−1.96** よりも小さい場合：5%有意水準で差がある

　2.58 よりも大きい、**−2.58** よりも小さい場合：1%有意水準で差がある

と判断します。

■効果量の確認の仕方

「対称性による類似度」部分のファイと Cramer の V は、効果量を表すものです。2×２のクロス集計の場合には、ファイ（Φ）係数を確認します。2×2 以外の場合には「Cramer の V」を確認します。値は０から１の間の値を取ります。0.2 以下では関連がない、0.2〜0.4 でやや関連がある、0.4〜0.7 で強い関連、0.7 以上でかなり強い関連があると判断します。

■カイ2乗検定においての注意点

　カイ２乗検定を行う際には、いくつかの注意点があります。カイ２乗検定の出力で「XX セル（XX%）は期待度数が５未満です。最小期待度数は XX です。」という表記があります。その XX%が **20%**を超えるもしくは、期待度数が **1 未満**の場合には、カイ２乗検定の結果が信頼できません。そのためその場合には、正確確率検定（オプションが必要）を実行するようにしましょう。また、2×2 のクロス集計の場合には、Fisher の直接法の「正確な有意確率（両側）」を確認するようにします。

カイ２乗検定

	値	自由度	漸近有意確率 (両側)	正確な有意確率 (両側)	正確有意確率 (片側)
Pearson のカイ２乗	.035[a]	1	.852		
連続修正[b]	.000	1	1.000		
尤度比	.035	1	.852		
Fisher の直接法				1.000	.612
線型と線型による連関	.033	1	.856		
有効なケースの数	20				

a. 3 セル (75.0%) は期待度数が 5 未満です。最小期待度数は 3.20 です。

b. 2x2 表に対してのみ計算

ワンポイント・アドバイス 三重クロス集計表の作成

・クロス集計の解釈

2つないしそれ以上の質的変数を組み合わせて集計することで、2変数あるいはそれ以上の変数の関連性を見ることができます。

アンケートの結果、既存商品と新商品とでは、新商品で満足度が増加した場合、商品が原因であり、満足が結果です。このような関係を因果関係といい、因果関係があるときには時間的な順序関係が存在します。

2変数に因果関係がある場合のクロス集計では、原因を列側に、結果を行側に置くことが一般的です。

・因果と関連の違い

2変数で因果関係が明確であるとは限りません。それは原因と結果が明確ではなく、双方向の可能性がある場合です。

「ダンスが好きだから、ダンスを習っている」

「ダンスを習っているから、ダンスが好き」

このような可能性が存在する場合は因果関係というとらえ方ではなくて、連関関係、英語でいうとassociationの関係があると考えられます。

クロス集計表では、因果関係がある場合は、行パーセントに意味がありますが、連関関係では、行パーセント、列パーセント、両方で解釈することができます。

・多重クロス集計

2変数間に関連性が認められたとしても、別の変数が何らかのかかわりをもっていることがあります。変数間の関係において詳細な分析を行うために導入する変数を第3の変数（統制変数）といい、このような3変数の相互の連関関係を分析するための方法が多重クロス集計です。

たとえば、「アウトドア用品の所持」と「アウトドア嗜好」の関係について「性別」を変数に加えて、3変数での分析を考えた場合、第3の変数である「性別」のカテゴリでデータを分け（層化）、それぞれのカテゴリ（男性・女性）ごとに「アウトドア用品の所持」と「アウトドア嗜好」のクロス集計表を作成します。こうして三重クロス集計表を作成し、サブグループでの比較や、第3の変数である「性別」の影響の評価を行えます。

ただし、あまり複雑にしすぎてしまうと解釈が難しくなるので、注意が必要です。

4—4 項目の信頼性を確認する：クロンバッハのα

さて、アンケート分析を行う場合、初期の分析で実行しておきたい分析があります。それが信頼性の分析です。具体的には**クロンバッハのα係数**を算出するという分析です。

信頼性とは、同じ質問票や項目を再度利用しても同様の結果が得られるかどうかということを意味しています。再現性・安定性を確認する必要があるのです。

それを確かめる方法としては、以下のような方法が存在します。

・**再テスト法**：同じ回答者に２度回答を求める。
・**平行法**：同じ回答者に２つの違う調査を実施。
・**折半法**：回答（項目）を２つのグループに分け、２群の相関が高ければ信頼性が高いと判断する方法。それぞれの項目の値間の相関係数を求め高ければ信頼性が高いと判断。
・**クロンバッハのα係数**：折半法は、そのグループの分け方が完璧ではない問題点がある。それを補完する方法として可能なすべての組み合わせを実施する方法として作られた方法。

クロンバッハのαは次のような式で表すことが可能です。

- ✓ 項目数をn
- ✓ $S_{X_i}^2$を項目全体の分散
- ✓ s_i^2をそれぞれの項目の分散

とするとクロンバッハのα係数は以下で表現できます。

$$\alpha = \frac{n}{n-1}\left(1 - \frac{\sum_{i=1}^{n} s_i^2}{S_{X_i}^2}\right)$$

$$\alpha = \frac{\text{項目数}}{\text{項目数} - 1}\left(1 - \frac{\text{各項目の分散の合計}}{\text{項目全体の分散}}\right)$$

クロンバッハのαは、もっとも知られている信頼性の指標の一つです。α係数は、1に近づけば近づくほど一貫性が高い尺度であると判断できます。

一般的に0.7〜0.8の値があれば信頼性が高いと判断します。なお、性質としてnが大きいほど信頼性が高まる傾向もあります。

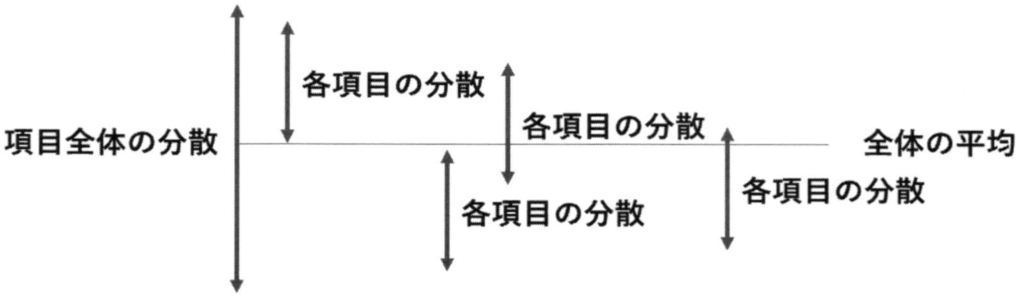

■SPSSによるクロンバッハのαの算出

手順❶　メニューバーから［**分析**］>［**尺度**］>［**信頼性**］を選びます。

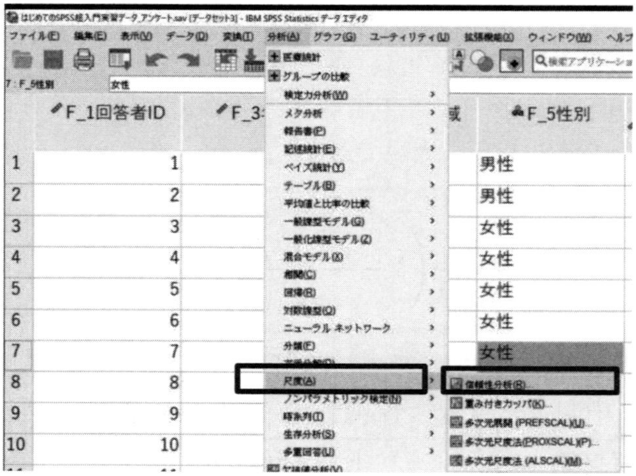

手順❷　［**信頼性**］ダイアログで対象となる変数を選択します。今回はQ3の13項目を設定します。続いて[統計量]をクリックします。

手順❸　[統計量]では、以下の項目にチェックを入れましょう。[続行]ボタンをクリックして[OK]を押しましょう。

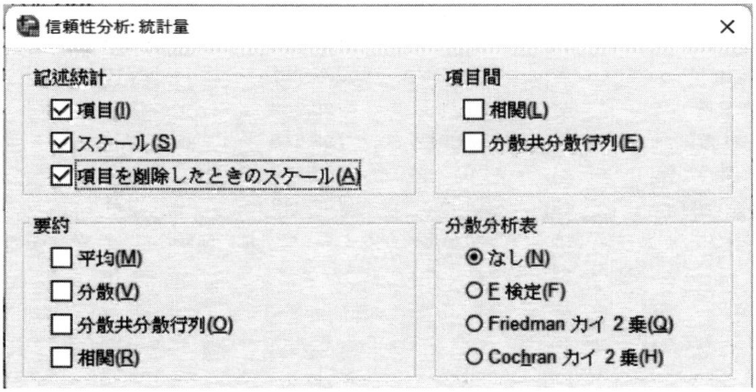

クロンバッハのα係数自体は、「信頼性統計量」の「Cronbach のアルファ」の項目に表示されています。今回のデモデータは 0.436 であるためにあまり信頼性が良くないということになります。

[項目合計統計量]では、各項目が削除された場合のアルファ係数などの参考となる値を確認することができます。

信頼性統計量

Cronbach のアルファ	項目の数
.436	13

項目合計統計量

	項目が削除された場合の尺度の平均値	項目が削除された場合の尺度の分散	修正済み項目合計相関	項目が削除された場合の Cronbach のアルファ
Q3_1_不安になりやすい	58.27	782.609	.035	.438
Q3_2_優しい	56.88	520.332	.401	.297
Q3_2_傷つきやすい	58.14	783.633	.033	.438
Q3_4_動揺しやすい	58.07	791.393	-.063	.444
Q3_5_緊張しやすい	56.75	557.823	.308	.349
Q3_6_社交的	57.94	777.506	.119	.433
Q3_7_話し好き	56.99	705.479	-.018	.505
Q3_8_独創的な	58.31	792.278	-.073	.446
Q3_9_温和な	55.61	285.711	.719	-.027[a]
Q3_10_多才な	58.71	790.658	-.054	.443
Q3_11_興味の広い	57.80	788.510	-.025	.442
Q3_12_好奇心が強い	57.52	782.456	.070	.436
Q3_13_積極的な	57.99	784.949	.031	.438

a. 項目間の平均共分散が負なので、値が負になります。これは、信頼性モデルの仮定に反しています。項目のコーディングをチェックしてください。

第5章　グループ間の差があるかを確かめる

この章では、グループを比較する手法について学んでいきましょう。具体的にいうと、グループを比較する検定手法を学んでいきます。まずは、この章で扱う分析手法について紹介しておきましょう。

【この章で取り扱う分析手法】
・対応のないサンプルのｔ検定（パラメトリック検定）
・マンホイットニーのＵ検定（ノンパラメトリック検定）
・一元配置分散分析（パラメトリック検定）
・クラスウォリス検定（ノンパラメトリック検定）

【必要なデータ】
・グループがわかる質的尺度のデータ（変数）
・グループを比較する際に利用する量的データ

グループ間に違いがあるのかないのかを確かめる。よくある分析のテーマの一つです。

グループ間の差を確かめる方法はいくつかあります。第一に比較対象のグループ数と、対応の「ある」「なし」によって分析手法が異なります。**「対応のある」**とは、同じ対象者のテストの前後の比較や投薬の前後での比較などの場合をいいます。一方、**「対応のない」**とはＡとＢのグループの値を比較するなどの場合をいいます。

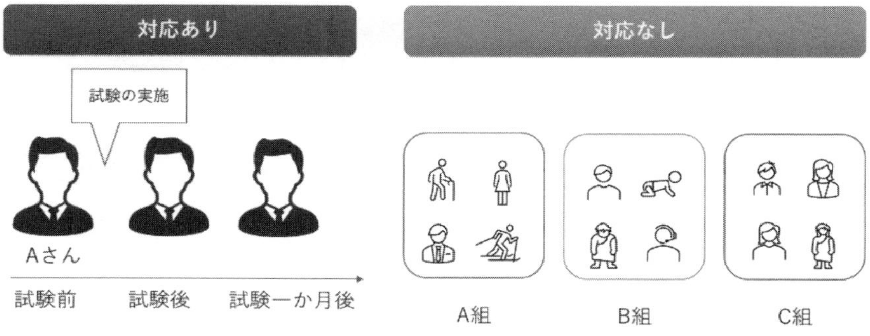

さて、その上で、どのような分析手法を採用すればよいのかを以下に示しました。その中でも今回は、**対応のない２つのグループの差の検定**と、**３つのグループの差の検定**について実施していきます。

例えば、統計の特訓を行ったグループと行っていないグループを比較して、その特訓の効果を検証したいという場合を考えてみましょう。その特訓の成果を図るために事後にテストを実施し、そのテストの点数を元にして効果を検証することとします。

このような場合、グループがわかる項目（対応のない）とそれを比較する物差しである項目があればこれらを利用して検定を行うことによりその効果を把握することができるのです。その中でも、２つグループの比較を行うためのパラメトリック手法であるｔ検定と、３つ以上のグループを比較する同じくパラメトリック手法である一元配置分散分析について解説します。またそれに対応するノンパラメトリックの手法であるマンホイットニーのＵ検定とクラスカルウォリス検定についても解説を行います。

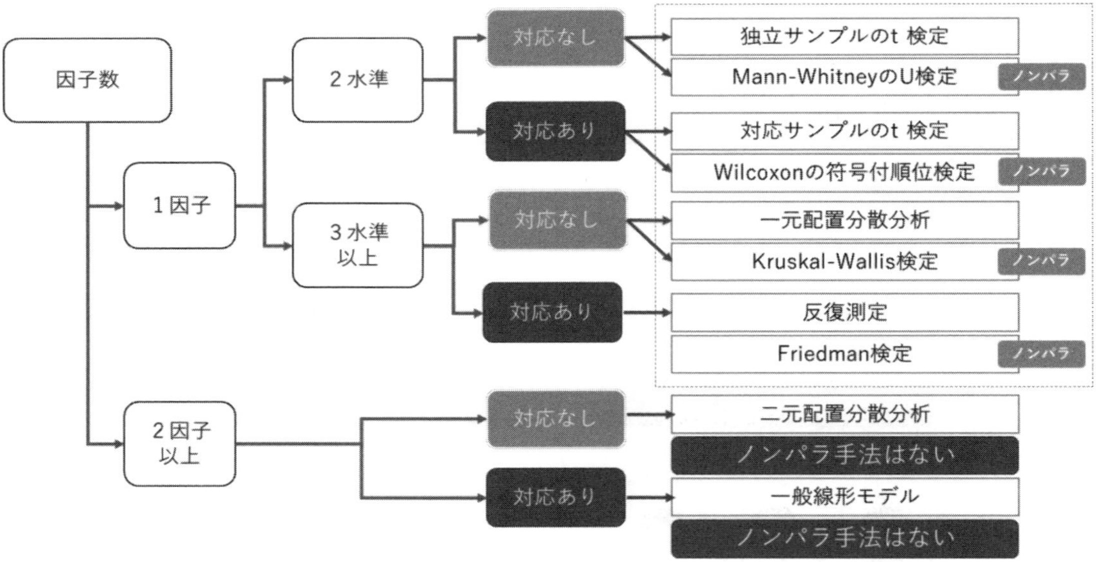

5−1　2つのグループの場合：平均値の差の検定（t検定）

まずはパラメトリック手法であるｔ検定から解説を進めていきましょう。平均値の差の検定は、手元のデータ（標本）において２つのグループの平均値に差があった場合、母集団でも同様の差が見られるのか、統計的にその差が意味のあるものであるのかを確かめる手法です。たとえば、２つのグループの学生に行ったテストの平均点が異なっていた場合、その差が母団（全体）でも同様になりたつのか？ その２つのグループ間の点数の差には意味があるのか、または偶然なのかを確認するときに利用します。

そのために必要なデータ項目は、グループ（名義）がわかる変数と、平均値を求めるための量的変数です。なお、２変数より大きい、つまり３つ以上グループを比較するときは、一元配置分散分析などの手法で行います。はじめにｔ検定の理論について解説をしていきましょう。

■平均値の差の検定：t 検定

クロス集計表のカイ２乗検定と同様に、検定の代表格の一つにｔ検定があります。ｔ検定は２つのグループの平均値に差があるのかないのかを確認する手法です。例えば、今 2 つのグループがあり、グループ B には統計の特訓を、そしてグループ A には何もせずに統計のテストを受けてもらいました。その結果、2 つのグループの平均点は 78 点と 85 点でした。7 点の差がありましたが特訓の効果はあったのでしょうか。

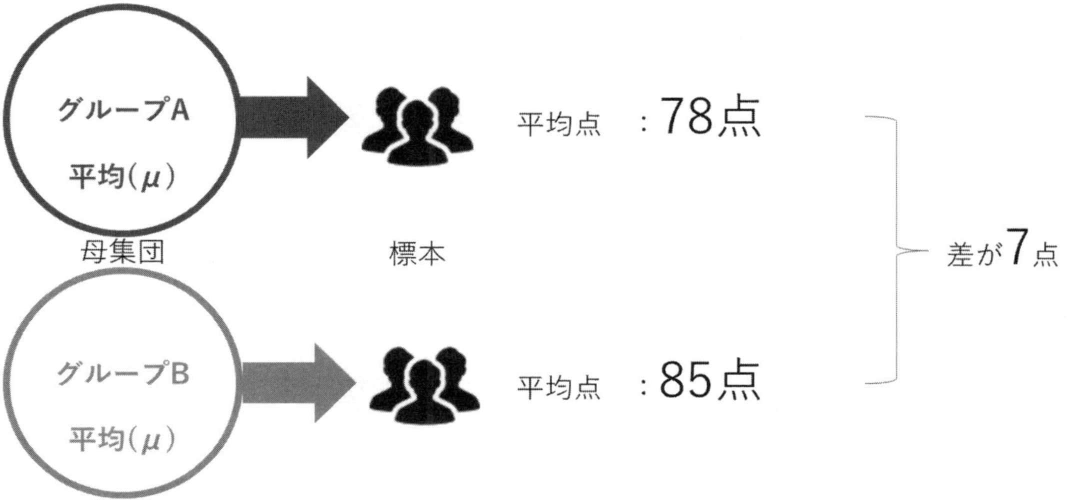

このような場合に利用するのが t 検定です。

2 グループの差の検定の手法

対応	分散（SD）	最終的な t 検定の種類
なし	等しい	対応なしの t 検定
	異なる	ウェルチの検定
あり	——	対応ありの t 検定

なお、グループの比較を行う手法は、異なります。

はじめに、比較対象となる２つのデータどうしに対応があるのかどうかという点を確認します。「対応あり」とは、例えば同じグループのテスト前、テスト後のようなことです。これを対応あり、対応なしと表現します。

対応なし：それぞれの変数どうしに関係はない
（たとえば、A 組と B 組の成績）
対応あり：それぞれの変数どうしに関係がある
（たとえば、A 組の生徒の 4 月の成績と 9 月の成績）

さらに、「対応なし」の場合には、２つの集団の標準偏差（バラツキ）が等しいのか等しくないのかによっても最終的に利用する手法が変わります。上記のとおり、分散が等しい場合には、対応なしの t 検定、分散が異なる場合には、ウェルチの検定です。

この t 検定も、先ほどの８点という差が母集団で起こる確率を求めて、仮説についての検定を行います。なお、その確率を求める際に利用する分布は t 分布で、正規分布に似たカーブをもっています。

なお、 t 検定を実行する際には、以下の前提があります。

・2 群においてどちらの群のデータも正規性がある
・2 群において等分散である

正規性の確認については、記述統計の部分でも行った手順にて確認を行います。

その上で t 検定を実行していきましょう。もし正規性が確認できない場合には、以降のノンパラメトリック検定であるマンホイットニーの U 検定を実行していきます。なお、等分散性の検定については、SPSS では t 検定の中で確認を行います。最終的に t 検定を行うのかウェルチ検定を行うのかは最終結果の部分で確認することで決定します。

■平均値の差の検定の手順

さて、ここからはｔ検定の手順についてみていきましょう。仮説検定の手順がほぼどの検定も同じなのは前半で説明した通りです。その上でｔ検定の検定手順は以下のとおりです。

Step１：仮説をつくる（帰無仮説と対立仮説）

まず帰無仮説と対立仮説の設定を行います。

・帰無仮説 ：「H_0 勉強会参加のμ （母集団の平均） ＝ 勉強会不参加のμ」

・対立仮説 ：「H_1 勉強会参加のμ ≠ 勉強会不参加のμ」

もし帰無仮説が正しく「差がない」とすると、母集団から取り出した標本の平均も同じになるはずですね。つまりグループＡもグループＢも似た数値になるはずです。しかしながら、現在、７点の差があるわけです。

Step２：帰無仮説を前提とした場合、検定統計量ｔ値を計算する

そこでこの７点差が帰無仮説においてどれくらいの確率で起こりうるものなのかを計算してみようと考えます。この時に利用する道具として、検定統計量はｔ値、そして分布はｔ分布を利用します。

・検定統計量：ｔ値

・分布：ｔ 分布

さて、検定統計量であるｔ値はどのように計算を行うのでしょうか。式を確認してみましょう。

■検定統計量ｔ値の計算

ｔ値は以下のような計算式となります。一見難しそうに見えるかもしれませんが、実はそれほど難しくはありません。以下の式において皆さんが見たことがない記号μは、母集団に

おける平均を意味しています。ただ、母集団における平均値はわかりませんね。しかしながら安心してください。このμは、帰無仮説を前提とした場合、母集団においてＡもＢも平均値は同じはずです。つまり引き算をしたら０になるはずです。そのため、それらを除外すればあとは手元にあるデータのＡ、Ｂ群（以下では１、２）の平均値とｓは標準偏差、nはサンプル数を表しています。すべて代入して計算が可能ですね。

$$t = \frac{\overline{x_1} - \overline{x_2} - (\mu_1 - \mu_2)}{\sqrt{s^2(\frac{1}{n_1} + \frac{1}{n_2})}} = \frac{\overline{x_1} - \overline{x_2}}{s\sqrt{(\frac{1}{n_1} + \frac{1}{n_2})}}$$

$$t = \frac{\text{群 1 の平均値} - \text{群 2 の平均値} - (\text{群 1 の母平均} - \text{群 2 の母平均})}{\sqrt{\text{分散} \times (\frac{1}{\text{群 1 の標本数}} + \frac{1}{\text{群 2 の標本数}})}}$$

$$= \frac{\text{群 1 の平均値} - \text{群 2 の平均値}}{\text{標準偏差} \times \sqrt{(\frac{1}{\text{群 1 の標本数}} + \frac{1}{\text{群 2 の標本数}})}}$$

最終的には、手元にあるデータから計算が可能な状態になっているのです。ちなみにこのｔ分布やｔ値ですが、ギネスビールに所属していた主任技師であるゴセットさんが発見したといわれています。このゴセットさん、非常に有名なｔ検定などを発明したわけですが、彼は生涯スチューデントというペンネームで論文を投稿し続けていました。そのため、これらのｔ値もスチューデントのｔなどと呼ばれています。

さて、実際のデータからｔ値を計算してみましょう。今、仮に20名分のデータがあったとします。先ほどのテストの２群のデータです。

グループ A	グループ B
90	78
85	72
92	88
88	75
78	72
79	88
80	74
75	75
93	75
90	85
合計：850 点	合計：780 点
平均：85 点	平均：78 点
標準偏差：6. 51	標準偏差：6. 03
全体の標準偏差：7. 09	

このグループのデータを先ほどの式に当てはめてみましょう。

$$t = \frac{\text{群 1 の平均値} - \text{群 2 の平均値}}{\text{標準偏差} \times \sqrt{(\frac{1}{\text{群 1 の標本数}} + \frac{1}{\text{群 2 の標本数}})}}$$

$$t = \frac{85-78}{7.09\times\sqrt{(\frac{1}{10}+\frac{1}{10})}} = \frac{7}{7.09\times\sqrt{\frac{2}{10}}} = \frac{7}{7.09\times0.4472} = \frac{7}{3.171} = 2.207$$

計算の結果 t 値は 2. 207 と判明しました。

Step3： t 値を元に確率を計算する

t 値が計算されたら t 分布でその値を取りうる確率を確認しましょう。なお、t 分布もカイ二乗分布の時と同様に自由度により分布の形が異なります。つまり自由度を計算する必要があります。ただし、t 検定における自由度の考え方はとてもシンプルです。以下のような式になりますが、つまり全体から２を引いた数が自由度です。その上で自由度を元に５％有意水準の値を確認し、比較を行います。

t 分布における自由度の考え方：自由度＝（群１の標本数 - 1）＋ （群２の標本数 - 1）

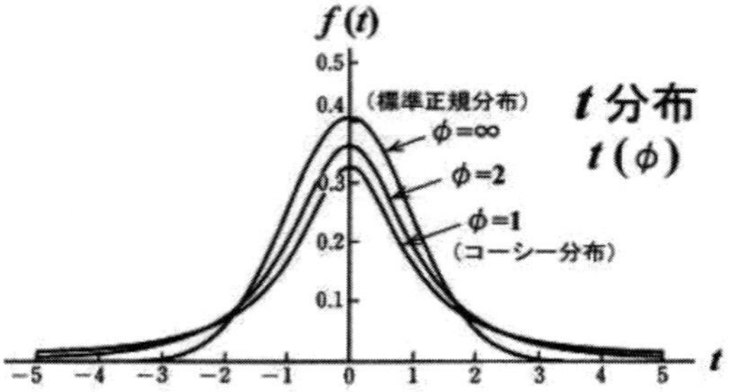

なお、先ほどの 2 群の t 値は 2.207 です。５％を有意水準の値とした場合の t 値は 2.101 です。つまり僅かではありますが、先ほどの t 値は棄却域に入っているということになります。５％以下の確率ということは、同じことを 100 回繰り返した時に 5 回以下しか起こらないとても珍しい事象であるといえます。しかし、現実にその事象が起きているわけです。

Step4 ： 確率を元に帰無仮説を棄却するか、採用するかを判断

統計的な仮説検定の最終段階になりますが、今回のように棄却域に入っている際には、諸々の統計的な手順を検討した結果、帰無仮説の部分のみがどうも怪しい。珍しいことが起きていると考えるのではなく、仮説（帰無仮説）が間違っていてそもそも母集団の平均値が違うのではないだろうかと考えます（帰無仮説を棄却する）。つまり結論として「2 つの母集団の平均値は等しくない」「勉強会参加の方が平均値が高い」と判断するということになります。

■SPSS における t 検定の手順

それではここからは実際に SPSS を利用した t 検定の方法について解説していきます。今回は、[性別]によって[ソーシャルスコア]が異なるのかを検定してみましょう。つまり男性と女性の 2 グループで社会性のスコアが異なるのかを検定するということです。

手順❶　メニューバーから［分析］＞［平均値と比率の比較（平均の比較）］＞［独立したサンプルの t 検定］を選びます。

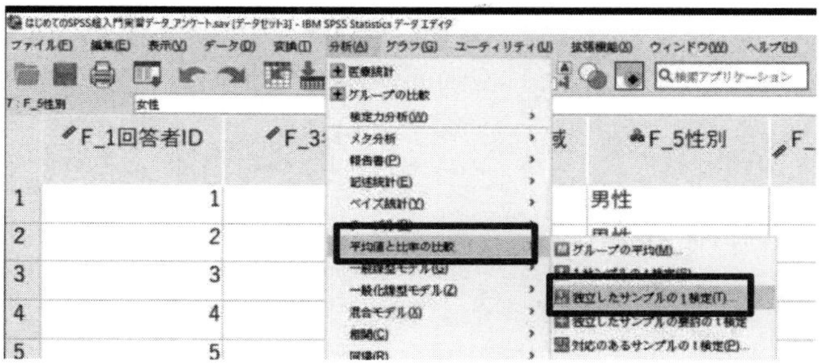

手順❷　［独立したサンプルの t 検定］ダイアログボックスが表示されます。
左側の変数候補リストから確認したい変数である［ソーシャルスコア］を選択し、 で［検定変数］に入れます。
［グループ化変数］部分には、2 つのカテゴリ値をもつ変数を入れます。ここでは［性別］を入れましょう。

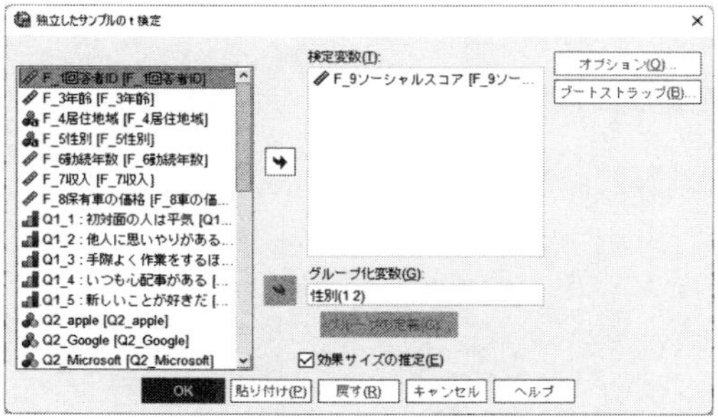

手順❸　グループの定義 を押して、グループの定義をします。
この例では、男性＝0、女性＝1 です。そして、続行 を押します。

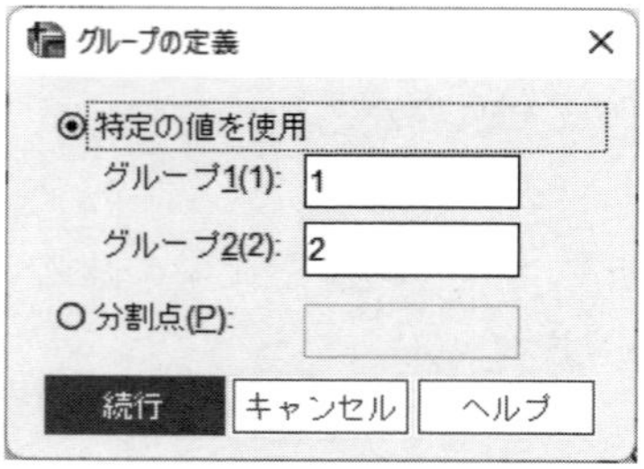

手順❹　［独立したサンプルの t 検定］の画面に戻り「OK」ボタンを押しましょう。分析結果が出力されます。

■ t 検定の出力結果の読み解き方

t 検定

グループ統計量

	性別	度数	平均値	標準偏差	平均値の標準誤差
ソーシャルスコア	男性	47	111.968	30.9494	4.5144
	女性	53	100.047	30.3802	4.1730

独立サンプルの検定

		等分散性のための Levene の検定		2 つの母平均の差の検定							
						有意確率				差の 95% 信頼区間	
		F 値	有意確率	t 値	自由度	片側 p 値	両側 p 値	平均値の差	差の標準誤差	下限	上限
ソーシャルスコア	等分散を仮定する	.004	.947	1.941	98	.028	.055	11.9209	6.1408	-.2653	24.1071
	等分散を仮定しない			1.939	96.117	.028	.055	11.9209	6.1477	-.2820	24.1238

独立サンプルの効果サイズ

		Standardizer[a]	ポイント推定	95% 信頼区間	
				下限	上限
ソーシャルスコア	Cohen の d	30.6487	.389	-.008	.784
	Hedges の補正	30.8857	.386	-.008	.778
	Glass のデルタ	30.3802	.392	-.009	.790

a. 効果サイズの推定に使用する分母。
Cohen の d は、プールされた標準偏差を使用します。
Hedges の補正は、プールされた標準偏差と補正係数を使用します。
Glass's のデルタは、制御グループのサンプル標準偏差を使用します。

はじめに［グループ統計量］の部分で、各変数の度数や平均値、標準偏差、標準誤差について確認を行います。今回は、男性と女性という 2 つのグループにおいて、ソーシャルスコアに違いがあるのかを分析してします。結果から、男性では111．968、女性では100.47という結果が得られました。この平均点の11点差は、果たして母集団においても「２つのグループにおいて差がある」と言い切れるのでしょうか。

そこで、2つのグループの平均の差があるかを確認するｔ検定を行います。ｔ検定を行う際には、前提条件として以下の３つを満たしていることが求められます。

1．標本は無作為に抽出されていること
2．母集団の分散は正規分布もしくはそれに近いものであること
3．２つのグループの母集団の分散が等しいこと

条件の１については、データの抽出方法についてですので、SPSS の読み込み前で確認をしておきしょう。条件２については、前述の正規性の確認を行うということです。条件 1, 2 の 2 項目が満たされた上でｔ検定を実行していきます。3 つ目の等分散性の確認は、ｔ検定の出力で確認をしていきます。それが**「等分散性のための Levene（ルビーン）の検定」**です。

SPSSの出力でいえば、［独立サンプルの検定］の左の部分に該当します。SPSSにおけるｔ検定においては、２つの検定を行っています。「等分散性のための Levene の検定」において等分散性を、そして「２つの母平均の差の検定」にてグループ間に差があるのかを検定しています。

はじめに**［等分散性のための Levene の検定］**を見てみましょう。この検定においては前述のとおり 2 つのグループの母集団の分散が等分散なのかを検定しています。この際の帰無仮説は「2 つのグループの分散は等しい」、当然対立仮説は「2 つのグループの分散は等しいとはいえない」となります。 ｔ検定では、「2 つのグループの母集団の分散が等しいこと」が前提条件となりますので、帰無仮説を採用する必要があります。

そのため、この部分の［有意確率］が 5%（0.05）を超える場合には、そのまま右側の［２つの母平均の差の検定］に進み、［有意確率（両側）］部分を確認します。［等分散性のための Levene の検定］の有意確率部分が５％に満たない場合には、［等分散を仮定しない］行に進み、右側の［２つの母平均の差の検定］を確認します。（この場合には厳密にはウェルチ検定を実

行しています)

今回の結果の場合、[等分散性のための Levene の検定]の［有意確率］が 0.947 です。このため、等分散を仮定していると解釈することができるため、右側に移動して［等分散を仮定する］行を確認します。

右側に移動し、［２つの母平均の差の検定］の［有意確率（両側ｐ値)］を確認し、0.05 よりも小さい値であれば、この差は母集団においても成り立つ、つまり 2 群間に差があるというように読み解きます。

等分散性の確認　　対応なしのｔ検定

独立サンプルの検定

0.05より大きい

		等分散性のための Levene の検定		2 つの母平均の差の検定							
						有意確率				差の 95% 信頼区間	
		F 値	有意確率	t 値	自由度	片側 p 値	両側 p 値	平均値の差	差の標準誤差	下限	上限
F_9ソーシャルスコア	等分散を仮定する	.004	.947	1.941	98	.028	.055	-11.921	6.141	-24.107	.265
	等分散を仮定しない			1.939	96.117	.028	.055	-11.921	6.148	-24.124	.282

0.05以下 ：Welch検定が選択

今回の出力結果でいえば、「両側ｐ値」の値は、0.055 です。有意水準を５％とすると、0.05 よりもわずかに大きな値となります。そのため帰無仮説を棄却することが出来ません。つまりこの場合には、性別間においてソーシャルスコアに違いがあるとは言えない、つまり違いはないと考えます。

このように平均値の差の検定では、Levene 検定の部分の解釈が若干ややこしいともいえますので、注意をして分析を進めてください。

ここまで紹介したｔ検定はパラメトリックの手法です。続いてノンパラメトリックの手法であるマンホイットニーのＵ検定についてみていくことにしましょう。

5−2 ノンパラメトリックの２群の検定：マンホイットニーのＵ検定

■マンホイットニーのＵ検定の概要

２群間における比較の検定において、正規性が確認できない場合には、ノンパラメトリック手法のマンホイットニーのＵ検定を実行していきましょう。ノンパラメトリックの検定については、グループ間を比較する際に、平均値を代表値として利用できないために他の値で代用する必要があります。このマンホイットニーのＵ検定ではランクなどを利用して比較を行っていきます。なお、検定ですので他の検定同様の手順を取っていきます。

- **帰無仮説 H_0:「２群の母代表値に差がない」**
- **対立仮説 H_1:「２群の母代表値に差がある」**

と設定した上で検定統計量を設定し、計算をしていきます。その際に以下のような手順をとります。今、以下のような得点をとったＡとＢの２つのグループがあった場合、まずは得点の高い方から順に並び替え、そして順位をつけていきます。それをグループごとに足し合わせて**順位和**を作成していきます。

得点	群
91	B
85	A
92	B
88	A
78	B
79	A
80	B
75	B
93	A
90	A

Rank	得点	群
1	93	A
2	92	B
3	91	B
4	90	A
5	88	A
6	85	A
7	80	B
8	79	A
9	78	B
10	75	B

グループA：1位、4位、5位・・・
グループB：2位、3位、7位・・・

グループ１の順位和：1位＋4位＋5位＋6位＋8位＝24
グループ２の順位和：2位＋3位＋7位＋9位＋10位＝31

なお、２群のサンプルサイズを次のように定義します。

・n_1: グループ1のサンプル数
・n_2: グループ2のサンプル数
・N ： $n_1 + n_2$ （つまりデータ全体）

その上で、マン・ホイットニーのＵを計算します。

マン・ホイットニーのＵ
$U_1 = n_1 n_2 + \frac{n_1(n_1+1)}{2} - R_1$
$U_2 = n_1 n_2 + \frac{n_2(n_2+1)}{2} - R_2$

この際にR_1とR_2は、それぞれのグループの順位和をいいます。それぞれの値を代入すれば、二つのＵが計算できます。先ほどの２群のデータを当てはめてみると

$$U_1 = 5 \times 5 + \frac{5\,(5+1)}{2} - 24 = 16$$

$$U_2 = 5 \times 5 + \frac{5\,(5+1)}{2} - 31 = 9$$

と計算できます。ここからＵを決定していきますが、２つのＵのうち、値が小さい方をマンホイットニーのＵ検定で採用します。つまりこの場合にはU_2の値を採用します。

最後に検討統計量Z_0を計算します。一見難しそうですが、よく見るとそれほど難しくありません。それぞれのサンプル数と先ほどのＵの値があれば計算可能です。

$$Z_0 = \frac{U-\mu_U}{\sigma_U} \quad \text{〈前提条件〉} \quad \mu_U = \frac{n_1 \times n_2}{2} \quad / \quad \sigma_U = \sqrt{\frac{n_1 \times n_2 \times (N+1)}{12}}$$

今回のデータを当てはめてみると

$$\mu_U = \frac{n_1 \times n_2}{2} = \frac{25}{2} = 12.5 \quad 、\sigma_U = \sqrt{\frac{n_1 \times n_2 \times (N+1)}{12}} = \sqrt{\frac{5 \times 5 \times (10+1)}{12}} = \sqrt{\frac{275}{12}} = \sqrt{22.92}$$

最終的には、以下のように計算がなされます。

$$Z_0 = \frac{9 - 12.5}{4.787} = -0.731147$$

この検定統計量Z_0が標準正規分布に従う場合、5%の棄却域は 1.96 もしくは-1.96 です。その値を元に1.96よりも大きいか、-1.96よりも小さい場合には有意な差があると判断します。今回の場合には、zの値が-0.731 であり、確率は、0.465（47%）となります。つまり 5%を基準とした場合には有意ではない。と判断します。

■SPSS によるマンホイットニーの U 検定の手順

手順❶　メニューバーから［分析］＞［ノンパラメトリック検定］＞［過去のダイアログ］＞［2 個の独立サンプルの検定］を選びます。

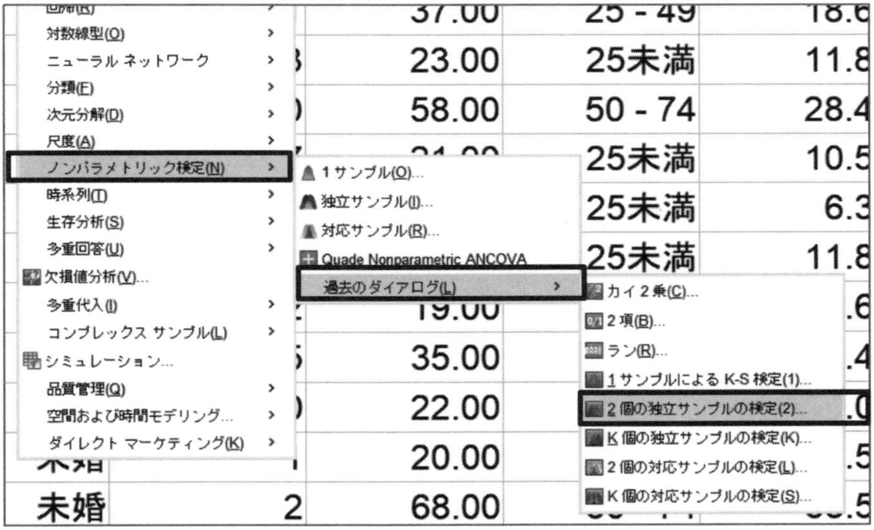

手順❷　［2 個の独立サンプルの検定］ダイアログボックスが表示されます。
左側の変数候補リストから確認したい変数である［ソーシャルスコア］を選択し、 で［検定変数］に入れます。

［グループ化変数］部分には、２つのカテゴリ値をもつ変数を入れます。ここでは［性別］を入れましょう。

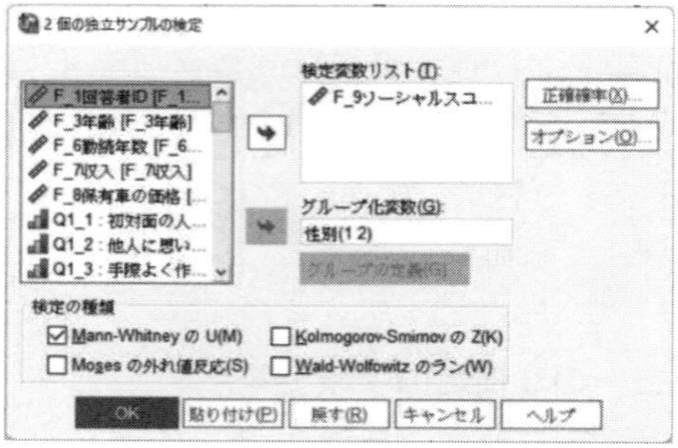

手順❸　グループの定義 を押して、グループの定義をします。
この例では、男性＝1、女性＝2 です。そして、続行 を押します。

手順❹　［2 個の独立サンプルの検定］の画面に戻り「OK」ボタンを押しましょう。分析結果が出力されます。

■マンホイットニーの U 検定の出力結果の読み解き方

検定統計量部分を確認してみましょう。先述の通りマンホイットニーの U と Z が表示されています。最終的には「漸近有意確率（両側）」を確認し、0.05（.05）以下であれば有意に差があると判断します。

検定統計量[a]

	F_9ソーシャルスコア
Mann-Whitney の U	973.000
Wilcoxon の W	2404.000
Z	-1.883
漸近有意確率 (両側)	.060

a. グループ化変数: F_5性別

5−3　3つ以上のグループの場合：一元配置分散分析

次に、3つ以上のグループの平均の差の検定（対応のない）を分散分析により分析します。

分散分析には、ANOVA（Analysis for Variance）やGLM（一般線形モデル：General Linear Model）などさまざまな手法があります。独立変数が1つの場合には一元配置分散分析を、独立変数が複数ある場合には多元配置分散分析を行います。

ここではSPSS Statistics Base で行うことができる、**対応のない一元配置分散分析**のみを扱います。なお、この一元配置分散分析においてはF検定を利用します。

まずは、一元配置分散分析について、基本的な考え方を解説しましょう。

例えば、統計Aコース、統計Bコース、統計Cコースの3つの統計の授業があったとします。このそれぞれのコースで行ったテストの結果は以下のとおりでした。各コース5名ずつ、合計15名のデータとなります。コースによってテストの結果は異なるのでしょうか。

回答者	統計Aコース	統計Bコース	統計Cコース
1	4	6	7
2	5	7	8
3	6	6	8
4	5	6	6
5	5	5	6
合計点	25	30	35
平均点	5	6	7

各コースのテスト結果の平均点は、5点、6点、7点であることがわかります。

しかしながら、それぞれのグループの母集団が同じであるとすれば、理論上は同じ点数になるはずです（帰無仮説）。この帰無仮説を棄却できるかどうかは、各グループ内の得点のバラツキと、A、B、Cのグループ間の平均値のバラツキの相対的な比率を計算する必要があります。つまりコース内のバラツキと、コース間のバラツキを比較して検討します。

仮に統計Aコース、統計Bコース、統計Cコースのそれぞれのグループ内のバラツキよりも、グループ間のバラツキの方が大きいのであれば、帰無仮説を棄却、つまりはグループ間で差があることがわかります。このとき、グループ内のバラツキのことを級内変動、グループ間のバラツキを級間変動といいます。

はじめに、3つのグループ間のバラツキを調べるために、3つのグループをまとめた全体での平均値を算出します。この平均値を大平均と呼びます。

$$大平均 = \frac{統計\mathrm{A}の平均点：5点 + 統計\mathrm{B}の平均点：6点 + 統計\mathrm{C}の平均点：7}{3（グループ数）}$$

$$= 6$$

それぞれの個人の得点と大平均との差について、分散分析では次のような解釈をします。

個人の得点の大平均との差
＝「平均値の差によって生じた差」＋「偶然によって生じた差」

また、それぞれ個人の得点については上記のことから次のように求めることができます。

個人の点数＝大平均＋（大平均との差）
＝大平均＋平均値の差によって生じた点数の差＋偶然によって生じた点数の差

たとえば、統計Aコースの1番目の人の点数は4点です。大平均は6点のため、「大平均との差」は－2点となります。上記の式から－2点は、平均値の差によって生じた点数、つまり「統計Aコースの平均点と大平均の差1点」と「偶然によって生じた－3点」から構成されると考えられます。同じように統計Bコースの2番目の人、統計Cコースの3番目の人の得点を考察するとそれぞれ以下のようになります。

統計Aコース１番目の点数４点

＝６点（大平均）＋１点（Aコースの平均値と大平均との差）－３点（偶然によって生じた差）

統計Bコース２番目の点数７点

＝６点（大平均）＋０点（Bコースの平均値と大平均との差）＋1点（偶然によって生じた差）

統計Cコース３番目の点数８点

＝６点（大平均）＋１点（Cコースの平均値と大平均との差）＋1点（偶然によって生じた差）

さて、分散分析ではグループ内のバラツキとグループ間のバラツキを比較することは述べました。それぞれのバラツキを計算してみることにしましょう。

はじめにグループ内のバラツキである級内変動について見ていきましょう。グループ内の変動は前述の「偶然によって生じた差分」に該当するものです。「偶然によって生じた差」の２乗の総和を人数で割ると級内変動になります。

	統計Aコース	統計Bコース	統計Cコース
No. 1	$(5-4)^2=1$	$(6-6)^2=0$	$(7-7)^2=0$
No. 2	$(5-5)^2=0$	$(6-7)^2=1$	$(7-8)^2=1$
No. 3	$(5-6)^2=1$	$(6-6)^2=0$	$(7-8)^2=1$
No. 4	$(5-5)^2=0$	$(6-6)^2=0$	$(7-6)^2=1$
No. 5	$(5-5)^2=0$	$(6-5)^2=1$	$(7-6)^2=1$
合計	2	2	4

$$\text{級内変動} = \frac{2+2+4}{5+5+5} = \frac{8}{15} = 0.533$$

続いてグループ間のバラツキである級間変動について求めていきましょう。

級間変動は、各コースにおける大平均と平均値との差の２乗の総和をグループ数（厳密にはグループ数－１）で割ったものです。各グループが平均的に大平均からどれくらい差があるのかを計算しています。

平均値との差によって生じた分散は、$(\text{大平均} - \text{各統計コースの平均値})^2$×人数で計算されます。

$$\text{統計 A コース}:(6-5)^2 \times 5 = 5$$
$$\text{統計 B コース}:(6-6)^2 \times 5 = 0$$
$$\text{統計 C コース}:(6-7)^2 \times 5 = 5$$

３グループの総和＝5＋0＋5＝10 となります。この値から級間変動を計算すると、次のように計算されます。

$$\text{級間変動} = \frac{10}{3-1} = \frac{10}{2} = 5$$

現在、級内・級間の２つの変動が計算されましたが、帰無仮説が正しければ、級間変動の値は、級内変動とおなじような値をとるはずです。つまり

$$\frac{\text{級間変動}}{\text{級内変動}} \fallingdotseq 1$$

の比率を計算した際には、１に近くなるはずです。

この帰無仮説が正しい場合にはＦ分布に従うことがわかっており、

$$\frac{\text{級間変動}}{\text{級内変動}} = \frac{5}{0.533} = 9.380$$

と求めることができます。そしてこの検定によって得られた統計量を **F 値**といいます。ここでは、グループ内のバラツキに比べて、グループ間のバラツキが９倍あることを示しています。検定では、この９倍のバラツキが偶然起こるのかを確認します。「ウォームアップ編」にあるＦ分布表を利用して、このＦ値がＦ分布のどの部分に当てはまるかを確認します。有意確率５％におけるＦ値は 3.81 といわれています。つまり、これよりも大きい数値が出ている場合には帰無仮説を棄却します。

いま、3.81よりも大きい9.380という数値が得られましたので、このグループ間の差に意味があることがわかりました。

それでは、SPSSを利用して3つ以上のグループの平均の差の検定を行いましょう。

■3つ以上のグループの平均の差の検定

それではここからはSPSSを利用して分散分析を実行してみましょう。

手順❶　メニューバーから［分析］＞［平均値と比率の比較（平均の比較）］＞［一元配置分散分析］を選びます。

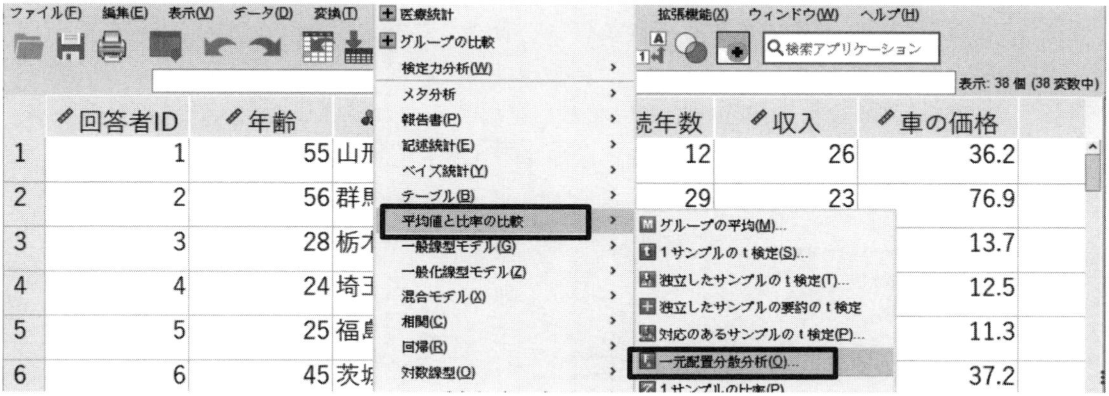

手順❷　［一元配置分散分析］のダイアログが表示されます。
［従属変数リスト］部分に比較を行いたい変数（量的）を入れます。
さらに、［因子］にはグループがわかる変数を選択します。
ここでは、「ソーシャルスコア」を従属変数リストに「Q1_4」を因子に選択しました。

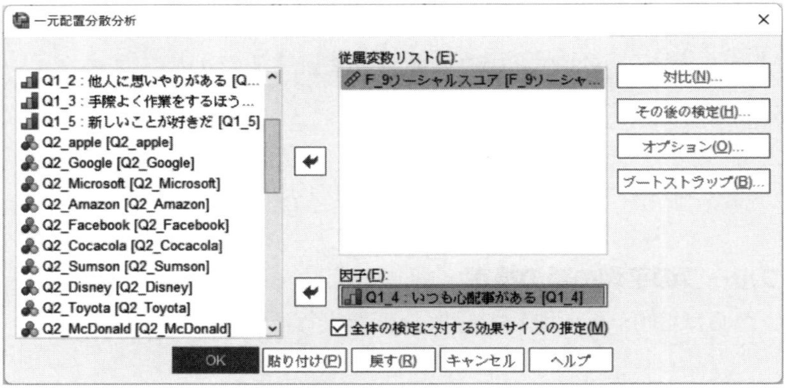

手順❸　どの部分に差があるのかを確認する必要がある場合には、その後の検定 ボタンを押して設定をします。いわゆる多重比較を実行するメニューです。
ここでは等分散を仮定する場合としない場合とで手法を選択します。今回は、等分散を仮定していないために「Games-Howell」を選択しましたが、事前に不明な場合には、［Tukey］や[Bonferroni]などを選択するとよいでしょう。［有意水準］が「0.05」となっていることを確認して 続行 を押します。

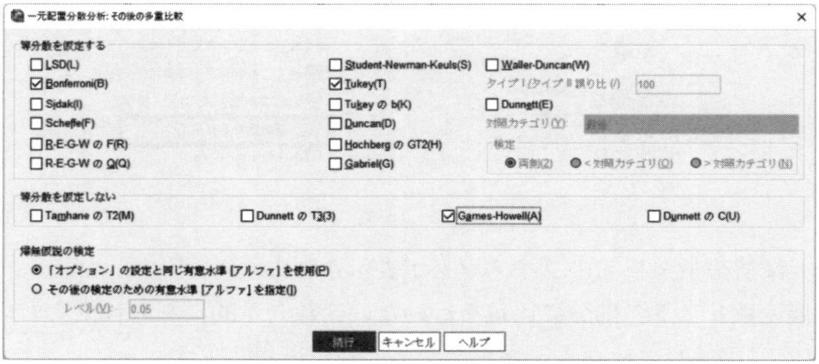

＊この画面では、多重比較を行うための検定方法を指定します。[Tukey]、[Scheffe] や [Bonferroni] がよく利用される検定方法です。その中でも [Tukey] は、有意差を比較的に出すことに長けています。さらに詳しい解説については後に紹介する各書籍を参照してください。

手順❹　［一元配置分散分析］のダイアログに戻ったら、オプション を押します。

手順❺　［オプション］ダイアログでは、［記述統計量］、［等分散性の検定］そして［平均値のプロット］［Welch 検定］にチェックを入れて、続行 を押します。

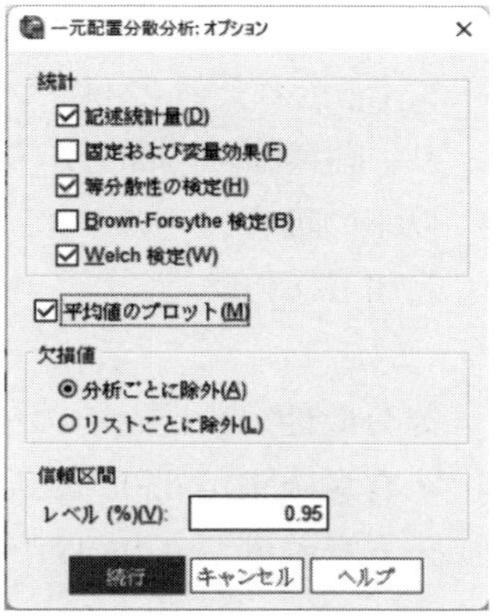

手順❻ ［一元配置分散分析］のダイアログに戻ったら、OK を押します。
一元配置分析の結果が出力されました。

記述統計

F_9ソーシャルスコア

	度数	平均値	標準偏差	標準誤差	平均値の 95% 信頼区間 下限	平均値の 95% 信頼区間 上限	最小値	最大値
まったく当てはまらない	5	63.00	7.374	3.298	53.84	72.16	53	70
当てはまらない	15	92.33	22.805	5.888	79.70	104.96	53	130
どちらともいえない	41	97.56	29.888	4.668	88.13	106.99	50	153
当てはまる	28	123.30	21.571	4.077	114.94	131.67	83	165
完全に当てはまる	10	135.00	26.167	8.275	116.28	153.72	80	165
合計	99	106.09	30.924	3.108	99.92	112.25	50	165

等分散性の検定

		Levene 統計量	自由度 1	自由度 2	有意確率
F_9ソーシャルスコア	平均値に基づく	3.136	4	94	.018
	中央値に基づく	3.013	4	94	.022
	中央値と調整済み自由度に基づく	3.013	4	86.861	.022
	トリム平均値に基づく	3.146	4	94	.018

［記述統計］により各項目の平均値などの統計量が表示されます。

確認すべき項目は［等分散性の検定］の部分です。一元配置分散分析の基本的な考え方には、グループ間の分散が等しいという前提が存在します。グループごとに平均値が違ったとしても、それぞれのバラツキは同様であることが重要です。この検定では等分散性を検定しており、有意確率の部分が0.05以上の値であればこのまま分散分析を進めます。有意確率が0.05以下の場合、その下の「平均値同等性の耐久検定」の「Welch検定」の結果を参照するようにしましょう。

等分散性の検定とその後の確認方法

・有意確率が0.05よりも大きい：「分散分析表」を確認

・有意確率が0.05以下：「平均値同等性の耐久検定」を確認

仮に等分散である場合には、［分散分析］の結果を確認します。有意確率の部分を確認し、0.05より小さい場合には、グループ間において差があると判断をします。

分散分析

F_9ソーシャルスコア

	平方和	自由度	平均平方	F値	有意確率
グループ間	31759.420	4	7939.855	12.047	<.001
グループ内	61955.101	94	659.097		
合計	93714.520	98			

［グループ間］［グループ内］の２つの指標が表示されています。［グループ間］については、今回の３つ以上のグループの間の差を表し、［グループ内］は、そのグループの中での差である誤差を見ています。

この表で重要な部分は、［有意確率］の部分です。5%以下の数値となり有意であることがわかりました。つまり、この３つのグループの平均の差には統計的に有意な差があるということになります。

このように、グループ間での差が認められたときには、一般的に「主効果が見られた」という表現をされることがあります。

もし等分散を仮定しない場合でも以下の Welch 検定にて解釈を行います。有意確率が 0.05 以下であれば有意に差があると判断します。

平均値同等性の耐久検定

F_9ソーシャルスコア

	統計量[a]	自由度 1	自由度 2	有意確率
Welch	38.417	4	27.914	<.001

a. 漸近的 F 分布

続いて、どのグループの間に差があったのかを確認するのが、**多重比較**です。

多重比較の表では、それぞれの表の中で［＊］が付いているペアが有意な差があったところです。

多重比較

従属変数: F_9ソーシャルスコア
Games-Howell

(I) Q1_4：いつも心配事がある	(J) Q1_4：いつも心配事がある	平均値の差 (I-J)	標準誤差	有意確率	95% 信頼区間	
					下限	上限
まったく当てはまらない	当てはまらない	-29.333*	6.749	.003	-49.74	-8.92
	どちらともいえない	-34.561*	5.715	<.001	-51.31	-17.81
	当てはまる	-60.304*	5.243	<.001	-76.07	-44.54
	完全に当てはまる	-72.000*	8.908	<.001	-100.62	-43.38
当てはまらない	まったく当てはまらない	29.333*	6.749	.003	8.92	49.74
	どちらともいえない	-5.228	7.514	.956	-26.91	16.46
	当てはまる	-30.970*	7.162	.002	-51.87	-10.07
	完全に当てはまる	-42.667*	10.156	.004	-73.46	-11.87
どちらともいえない	まったく当てはまらない	34.561*	5.715	<.001	17.81	51.31
	当てはまらない	5.228	7.514	.956	-16.46	26.91
	当てはまる	-25.743*	6.197	<.001	-43.12	-8.37
	完全に当てはまる	-37.439*	9.500	.009	-66.71	-8.17
当てはまる	まったく当てはまらない	60.304*	5.243	<.001	44.54	76.07
	当てはまらない	30.970*	7.162	.002	10.07	51.87
	どちらともいえない	25.743*	6.197	<.001	8.37	43.12
	完全に当てはまる	-11.696	9.224	.714	-40.55	17.15
完全に当てはまる	まったく当てはまらない	72.000*	8.908	<.001	43.38	100.62
	当てはまらない	42.667*	10.156	.004	11.87	73.46
	どちらともいえない	37.439*	9.500	.009	8.17	66.71
	当てはまる	11.696	9.224	.714	-17.15	40.55

*. 平均値の差は 0.05 水準で有意です。

さらに、視覚的に差を把握するのが平均値のプロットです。

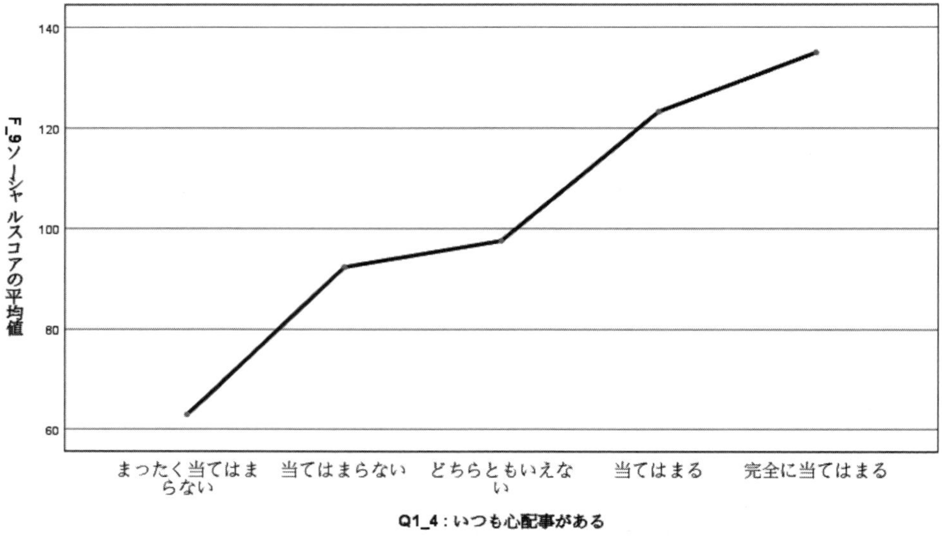

このグラフより、どの変数とどの変数とが有意な差があったのかを判断できます。

5−4　3つ以上のグループの場合：クラスウォリス検定

それでは、3 群の比較のノンパラメトリック検定であるクラスカルウォリス検定についても手順を説明しておきましょう。

■クラスカルウォリス検定の実行

手順❶　メニューバーから［分析］＞［ノンパラメトリック検定］＞［独立サンプル］を選びます。

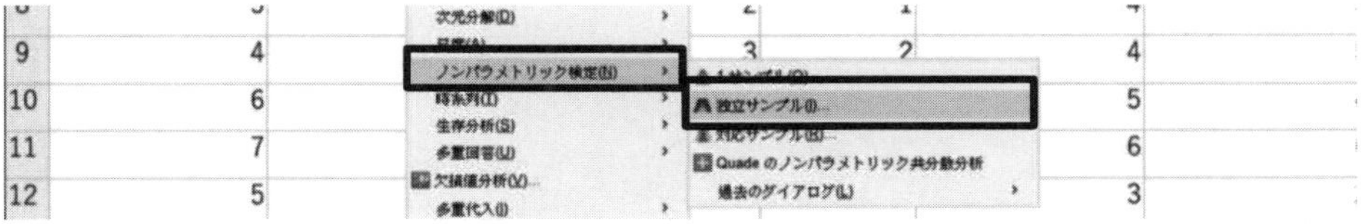

手順❷　［フィールド］タブをクリックしましょう。先ほどの分散分析と同様に検定フィールドに量的変数を、グループにはグループ変数を設定します。ここでは、「ソーシャルスコア」と「Q1_4」を選択しました。

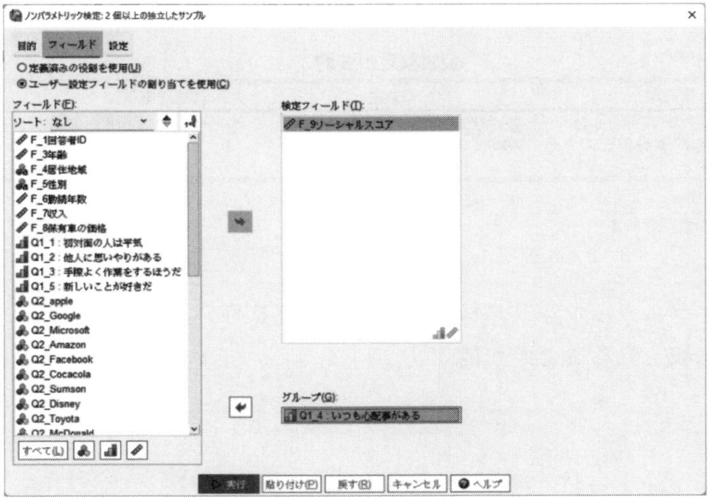

手順❸　[設定]タブでは、「検定のカスタマイズ」をクリックし、「Kuraskal-Wallis」を選択しましょう。[複数の比較部分]がいわゆる多重比較の項目となります。

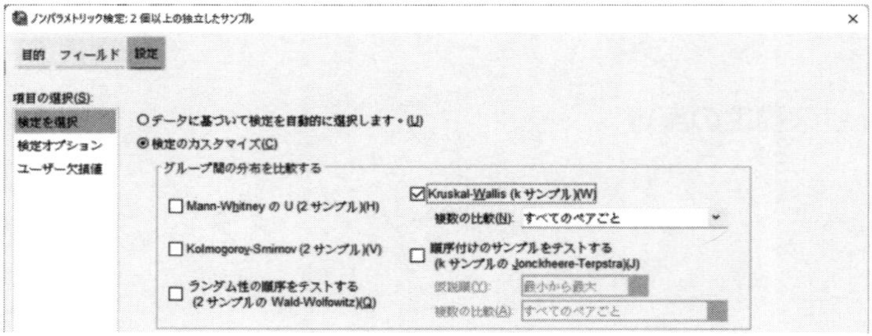

設定が完了したら「実行」をクリックしましょう。出力が表示されます。

■クラスカルウォリス検定の出力

仮説検定の要約部分では、検定手法や有意確率、帰無仮説が棄却されたか否かを表示してくれます。帰無仮説が棄却されている場合には、グループ間に差が存在するということを意味しています。

仮説検定の要約

	帰無仮説	検定	有意確率[a,b]	決定
1	F_9ソーシャルスコア の分布は Q1_4：いつも心配事がある のカテゴリで同じです。	独立サンプルによる Kruskal-Wallis の検定	<.001	帰無仮説を棄却します。

a. 有意水準は .050 です。

b. 漸近的な有意確率が表示されます。

その下には、クラスカルウォリス検定の検定結果が表示されています。また箱ひげ図によりグループ間の比較を見ることが可能です。

独立サンプルによる Kruskal-Wallis の検定の要約

合計数	99
検定統計量	32.178[a]
自由度	4
漸近有意確率 (両側検定)	<.001

a. 検定統計量は同順位の調整が行われています。

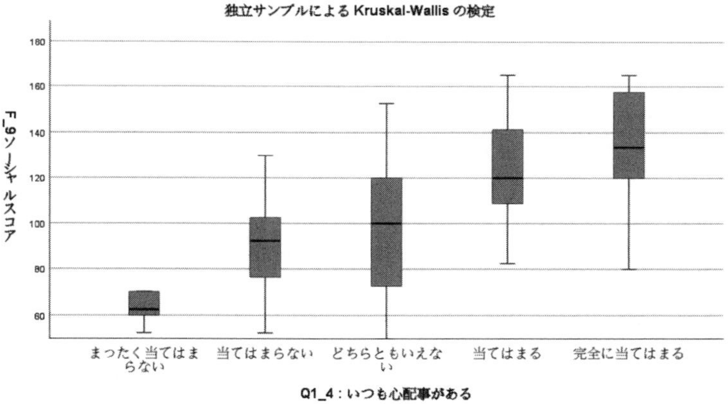

さらにペアごとの比較が多重比較に該当する部分です。Bonferroni の調整された結果を確認してどの部分に差があるのかを確認しましょう。

Q1_4：いつも心配事がある のペアごとの比較

Sample 1-Sample 2	検定統計量	標準誤差	標準化検定統計量	有意確率	調整済み有意確率[a]
まったく当てはまらない-当てはまらない	-25.800	14.824	-1.740	.082	.818
まったく当てはまらない-どちらともいえない	-31.354	13.598	-2.306	.021	.211
まったく当てはまらない-当てはまる	-54.911	13.937	-3.940	<.001	.001
まったく当てはまらない-完全に当てはまる	-65.100	15.723	-4.140	<.001	.000
当てはまらない-どちらともいえない	-5.554	8.662	-.641	.521	1.000
当てはまらない-当てはまる	-29.111	9.185	-3.169	.002	.015
当てはまらない-完全に当てはまる	-39.300	11.719	-3.353	<.001	.008
どちらともいえない-当てはまる	-23.557	7.038	-3.347	<.001	.008
どちらともいえない-完全に当てはまる	-33.746	10.124	-3.333	<.001	.009
当てはまる-完全に当てはまる	-10.189	10.575	-.964	.335	1.000

各行は、サンプル 1 とサンプル 2 の分布が同じであるという帰無仮説を検定します。
漸近有意確率 (両側検定) が表示されます。有意水準は .050 です。

a. Bonferroni 訂正により、複数のテストに対して、有意確率の値が調整されました。

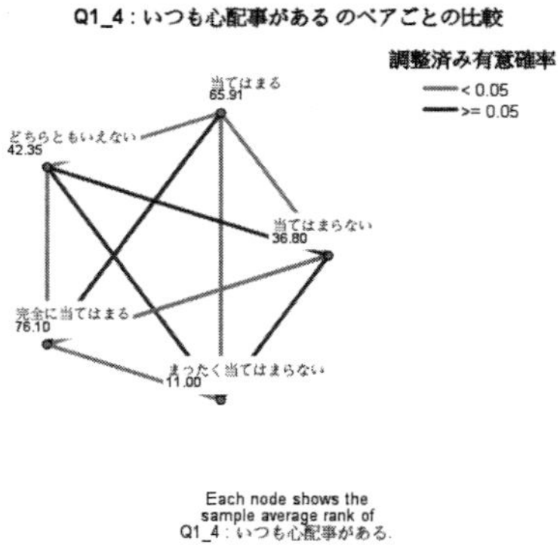

ワンポイント・アドバイス 検定について

統計的検定は有意差検定ともよばれ、確率的に優位かどうかを判断するため広く使用されています。２群の平均値を比較する場合はｔ検定、一度に３群以上のグループの平均値を比較する場合は分散分析を使用します。

検定では、ある程度の検定力をもったサンプルサイズ（標本数）が必要です。

検定はサンプルデータから母集団の平均値の差を推定する推測統計の考え方を利用しています。“サンプルサイズが大きくなればなるほど、統計的に有意であるという結果になりやすい”というものです。サンプルサイズが大きすぎると、わずかな差で有意になることもあります。

サンプルサイズが小さい場合は、有意になりにくくなります。サンプルサイズが基準を満たしておらず、正規性も満たしていないと見なされたら、ノンパラメトリック検定を行います。サンプルサイズがあまりにも小さいと、有効な結果を出すだけの検出力がなく、データの分布さえ確認できなくなってしまうのです。

このように、有意差検定の結果は、サンプルサイズに大きく左右されます。十分な検定力を確保するのに必要なサンプルサイズを求めておくことが重要です。

SPSS Statistics ではSample power というソフトウェアを利用して、サンプルサイズを決定することができます。

また、分散分析では各変数の大きさが同じ（等質）であることを仮定しますが、パラメトリック検定の正規性、等分散性の仮定に対しては頑健性（robustness）をもつことが知られています。現実のデータでは、各変数の母分散における分散の値が同じ（等質）でない場合もあります。データの標準偏差の値に多少の差があったとしても、分散分析は実用に耐える分析手法であるといえます。

第6章　複数の変数間の傾向を説明する

この章では、ある変数について他の変数で説明をする手法である回帰分析を紹介していきます。回帰分析は、ある変数の値を他の変数の値によってどれくらい説明できるかを計算する手法といえます。求めたい結果のことを**従属変数**（または**目的変数**）といい、それを説明するための変数を**独立変数**（または**説明変数**）といいます。

さらに回帰分析には、一つの独立変数から従属変数を説明する**単回帰分析**と、複数の独立変数を用いて従属変数を説明する**重回帰分析**があります。

たとえば、小売店の売上金額を周辺の人口や店舗面積、アイテム数などを利用して説明する場合には、売上金額を従属変数、周辺の人口・店舗面積・アイテム数を独立変数として重回帰分析を実行します。

なお、それぞれの変数の間の因果関係は考慮していません。従属変数と独立変数の間の因果関係や方向性のある関係性を把握したい場合には、共分散構造分析を行います。

6−1　ある変数から他の変数を予測・説明する：回帰分析

回帰分析は、マーケティングをはじめとするビジネスにおいて多くの場面で利用されている分析手法です。売上の予測や販売計画などにも利用されています。

なお、従属変数ならびに独立変数のどちらも手元にあるデータから分析を行います。そのためビジネスにおいては、その変数が本当に結果と原因として説明できるかどうかを、慎重に判断する必要があります。

今回は理解を深めるために、身長と体重のシンプルなデータを例に回帰分析の考え方を紹介します。

体重と身長のデータが、次のように5人分測定できたとしましょう。

	身長（cm）	体重（kg）
鈴木さん	170	65
佐藤さん	160	50
渡辺さん	165	70
田中さん	150	45
斎藤さん	175	80

まずは散布図を作成し、各データの関係性を確認します。すると、次のようになります。

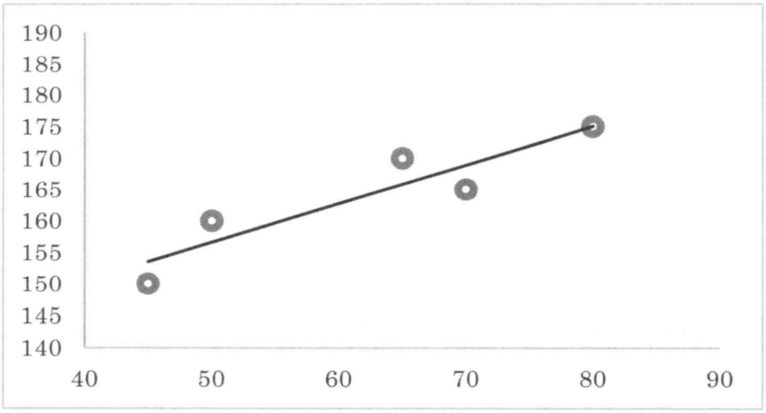

今、身長を体重から予測するとしましょう。

この直線、近似線を近似式で書けば、

$$Y\text{（従属変数）} = \alpha\text{（係数）} \times X\text{（独立変数）} + \text{定数}$$

となります。

定数は Y 軸に接しているところ、つまり切片 α（係数）が直線の傾きを表します。

X の数値が手元のデータでわかっている場合、掛け算と足し算をすれば、Y が求まる。つまり、α の係数と定数がわかれば、この回帰式を解くことができますね。

それでは、この式を解くにはどうすればよいのでしょうか？

Yの説明変数を身長として、独立変数であるXを体重とすると、次の式になります。

$$\text{身長}(Y) = \alpha \times \text{体重}(X) + \text{定数}$$

散布図に近似線を引けば次のようになります。

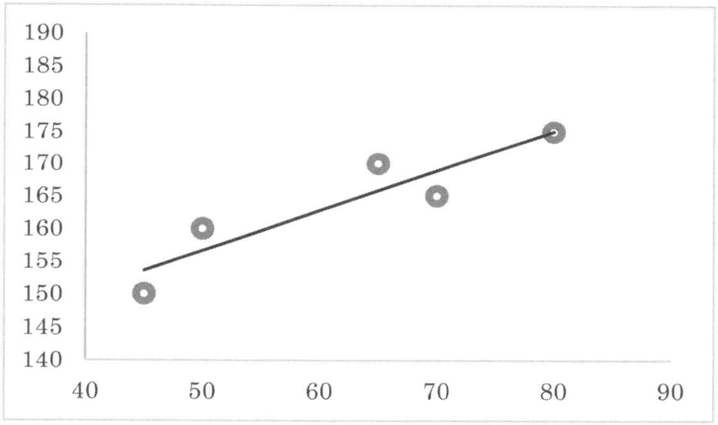

実際には５人の身長と体重は近似線上には当てはまりません。

この５人分の測定値と理論値の差の合計が一番小さくなるように計算をすることにより、一番当てはまりやすい直線が生まれます。この手法を最小二乗法といいます。

そして、先ほど得られた近似式

$$\text{身長}(Y) = \alpha \times \text{体重}(X) + \text{定数}$$

を**回帰方程式**（回帰直線）と呼びます。

なお、それぞれの体重 x（ここでは No.1 から No.5 までの人の体重）を入力すれば、近似値 Y が求められます。その Y（理論値）と観測値 y（つまり身長）の数値にはまだ差があり、これを**残差**といいます。

このとき、理論値と観測値の関係性を把握するために**決定係数**という指標を用います。この決定係数は、相関係数の２乗の値を取ることがわかっています。

$$\text{決定係数 } R^2 = 1 - \frac{\text{残差の全平方和}}{\text{偏差の全平方和}}$$

決定係数の値は0から1の値をとり、1に近づけば近づくほど、残差は0に近づきます。残差が0という状態は、回帰方程式における観測値（y）と理論値（Y）が完全に一致することを意味していて、回帰方程式が観測値を100%説明しているという完全な状態です。各人の測定した体重を式に代入すれば、各人の身長の理論値と観測値が一致することを意味しているのです。

理論値と観測値が一致する場合には、すべてのデータが一直線上に並びます。このことから、決定係数は理論上得られた回帰式の**当てはまりの良さを示す指標**として利用されます。

ここで回帰分析の手順をまとめておきましょう。

《回帰分析の手順》

手順①　散布図を作成して、関係性を確認します。
手順②　相関係数を出力して、関係性の強さを確認します。
手順③　回帰式を求めます。
手順④　決定係数を見て、回帰モデルの当てはまり度を調べます。
手順⑤　回帰式から y を求めます。

回帰分析の実施には、さまざまな分析手法が散りばめられています。SPSSを利用すれば、複雑な回帰分析も簡単に実施することができます。

■回帰分析の手順

手順❶　メニューバーから［**分析**］＞［**回帰**］＞［**線型**］を選びます。

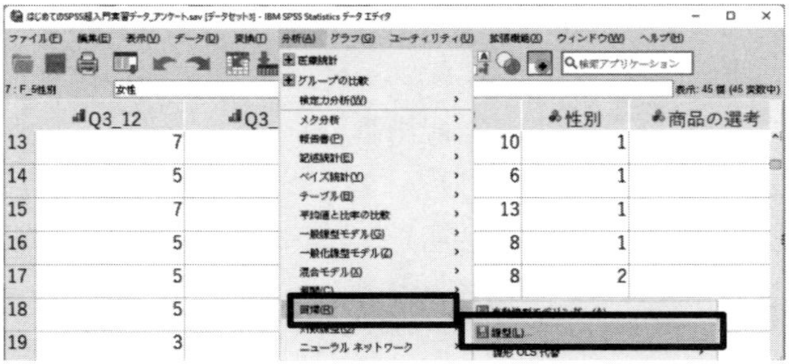

手順❷　［**線型回帰**］ダイアログが表示されるので、［**従属変数**］には求めたい結果を、［**独立変数**］にはそれを説明するための変数を入れます。

ここでは、従属変数として［**車の価格**］を、独立変数として［**年齢**］［**収入**］［**勤続年数**］を選択します。なお、［**方法**］は［**強制投入法**］を選びます。

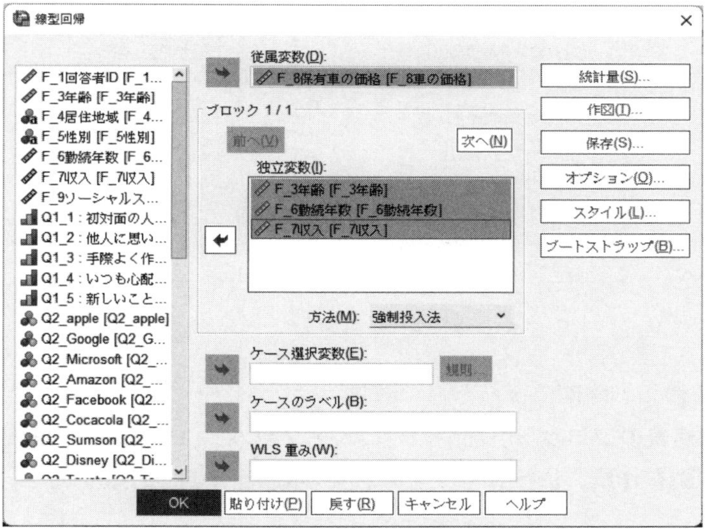

ワンポイント・アドバイス

強制投入法　　　：独立変数をすべて利用して予測する方法。

ステップワイズ法：変数増減法の一つで、１つずつ説明変数を投入しながら、一番当てはまりのよいモデルに近づけていく手法。

階層的投入法　　：既存の変数を増加もしくは減少しながら変数を投入していく方法。SPSS では変数減少法と変数増加法の２つを用意しています。

手順❸ 続いて、**統計量** のボタンをクリック。
［**記述統計量**］［**部分／偏相関**］、［**共線性の診断**］にチェックを入れて **続行** を押します。

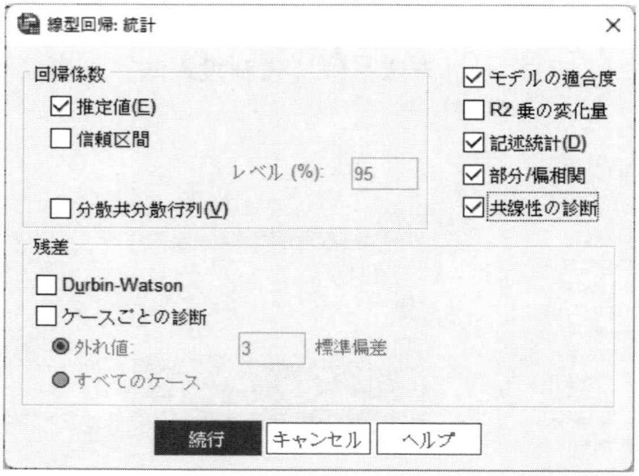

手順❹ ［**線型回帰**］の画面に戻ったら、**作図** のボタンをクリックします。
［**標準化残差のプロット**］部分の［**ヒストグラム**］［**正規確率プロット**］［**全ての偏残差の散布図を作成**］にチェックを入れて、**続行** を押します。

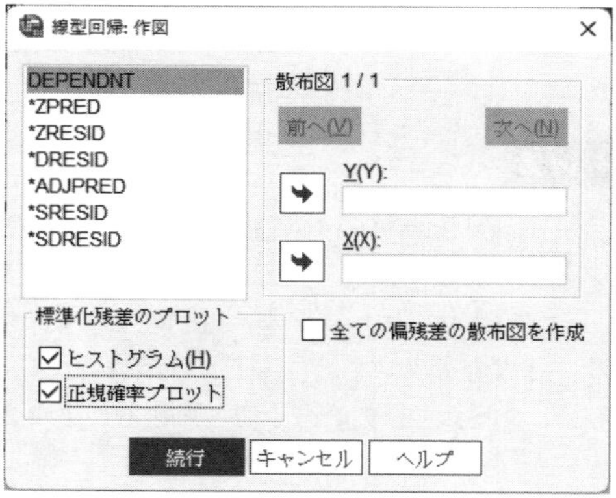

手順❺　［**線型回帰**］の画面に戻ったら、 OK を押して完成です。
出力ビューを確認するとさまざまな結果が表示されています。

記述統計

	平均値	標準偏差	度数
F_8保有車の価格	31.9780	22.70144	100
F_3年齢	42.26	12.430	100
F_6勤続年数	12.0200	9.68283	100
F_7収入	88.4900	137.02801	100

［**記述統計**］の部分は、今回投入した各変数の平均値と標準偏差や度数が表示されています。

相関

		F_8保有車の価格	F_3年齢	F_6勤続年数	F_7収入
Pearson の相関	F_8保有車の価格	1.000	.488	.381	-.097
	F_3年齢	.488	1.000	.669	.038
	F_6勤続年数	.381	.669	1.000	-.101
	F_7収入	-.097	.038	-.101	1.000
有意確率 (片側)	F_8保有車の価格	.	<.001	<.001	.169
	F_3年齢	.000	.	.000	.355
	F_6勤続年数	.000	.000	.	.159
	F_7収入	.169	.355	.159	.
度数	F_8保有車の価格	100	100	100	100
	F_3年齢	100	100	100	100
	F_6勤続年数	100	100	100	100
	F_7収入	100	100	100	100

続いて、変数どうしの相関分析が行われています。それぞれの変数間における相関係数が算出されます。各変数の間の関係性を理解するのに利用します。

投入済み変数または除去された変数[a]

モデル	投入済み変数	除去された変数	方法
1	F_7収入, F_3年齢, F_6勤続年数[b]	.	強制投入法

a. 従属変数 F_8保有車の価格

b. 要求された変数がすべて投入されました。

今回利用した変数と投入方法について記述されます。

モデルの要約[b]

モデル	R	R2 乗	調整済み R2 乗	推定値の標準誤差
1	.505[a]	.255	.231	19.90273

a. 予測値: (定数)、F_7収入, F_3年齢, F_6勤続年数。

b. 従属変数 F_8保有車の価格

［**モデルの要約**］からが回帰分析の出力結果で重要な部分です。この表には、先ほど解説した決定係数が記載されています。作成した回帰式の当てはまりのよさを決定係数である［**R2乗**］の値によって判断します。

この例の場合、［**R2乗**］が 0.231 なので、あまり良いモデルとは言えなさそうです。

分散分析[a]

モデル		平方和	自由度	平均平方	F 値	有意確率
1	回帰	12992.762	3	4330.921	10.933	<.001[b]
	残差	38027.410	96	396.119		
	合計	51020.172	99			

a. 従属変数 F_8保有車の価格

b. 予測値: (定数)、F_7収入, F_3年齢, F_6勤続年数。

続いて［**分散分析**］の表を確認します。この表では［**有意確率**］の部分に注目します。この表では、作成された「回帰方程式が役に立たない」という帰無仮説を検定しています。

［**有意確率**］は0.001なので、有意水準0.05よりも小さいことから帰無仮説を棄却します。つまり、この回帰モデルは役に立つことを示しています。

係数[a]

モデル		非標準化係数		標準化係数			相関			共線性の統計量	
		B	標準誤差	ベータ	t値	有意確率	ゼロ次	偏	部分	許容度	VIF
1	(定数)	-2.725	7.635		-.357	.722					
	F_3年齢	.809	.219	.443	3.695	<.001	.488	.353	.326	.541	1.848
	F_6勤続年数	.174	.282	.074	.616	.539	.381	.063	.054	.536	1.865
	F_7収入	-.018	.015	-.106	-1.184	.239	-.097	-.120	-.104	.970	1.031

a. 従属変数 F_8保有車の価格

＊一部省略しています。

ようやく回帰分析の肝心なところにつきました。

この[係数]の表では、従属変数と独立変数の関係性がわかります。［B］の部分が係数（偏回帰係数）です。つまり、車の価格は以下の式によって計算することができるのです。

車の価格＝定数－2.725＋（0.809×年齢）＋（－0.018×の収入）＋（0.174×勤続年数）

一方、有意確率の部分を確認すれば、今回の投入した変数の中で「年齢」のみが有意となっています。他の変数はあまり車の価格を説明する際には利用できないということなります。

また、重要な部分として「**標準化係数β**」があります。**非標準化係数B**は、あくまでも実際に値を計算するときに利用しますが、単位がバラバラな変数同士の比較ができません。そのため、変数間での影響度の強さを確認するためには「標準化係数」を確認しましょう。今回のデータでいえば、「年齢」が一番影響が高いことが判明しました。

なお、回帰分析においては、多重共線性に気をつける必要があります。独立変数という名前のとおり、従属変数を説明するために利用する変数は、基本的には独立している「他の変数との関係性がない」ことを前提としています。これは、一方の変数が増加すれば、他方の変数も増加するような関係ではないということです。多重共線性とは、この関係性が強く、うまく回帰式を立てられない状態のことをいいます。

これらをチェックするのが［**共線性の診断**］の表になります。［**条件指数**］を確認し、一般に 15 以上であれば強い多重共線性が、30 以上であれば重大な多重共線性があるといわれています。［**分散プロパティ**］の部分で高い数値が出ている変数どうしが共線性の可能性があります。

ワンポイント・アドバイス 回帰分析について

相関分析は２変数の相関関係の程度を見る分析でしたが、回帰分析は、一方の変数に対し他方の変数はどれくらいになると予測されるか、を分析します。予測のもとになる変数＝独立変数、予測される側の変数＝従属変数の間に直線関係を仮定することにより予測を行い、直線によって表現される変数の関係を予測するための式（予測式）を求めます。

変数間の関係のしかたによっては、曲線を当てはめることも考えられます。非線形回帰分析は、独立変数、従属変数間に２次関数や３次関数など曲線的な関係を仮定した回帰分析の手法です。

回帰分析で用いる変数は、原則として独立変数、従属変数ともに量的変数（連続変数）です。ただし、量的変数だけでなく、質的変数を投入する場合もあります。質的変数を従属変数として回帰分析をする場合は、尺度水準を確認し、適切な分析手法を選択します。

順序尺度のデータは、量的変数とみなして使用することもあります。

名義尺度のデータを説明変数として投入したい場合は、ダミー変数を作成します。従属変数として利用する場合は、ロジスティック回帰分析やプロビット回帰分析で分析をすることができます。

第 7 章　よく使われる分析手法

これまで紹介してきた分析手法のほかによく利用される手法を紹介します。

- **複数の変数に内在する共通要素を説明したいとき……因子分析**
- **複数の変数を少数の変数に集約したいとき……………主成分分析**
- **ある集団から似ているグループを分類したいとき……クラスター分析**

SPSS で分析するときの操作方法についても解説していきます。

7−1　複数の変数に内在する共通要素を探る因子分析

因子分析は、複数の変数に内在する共通要素を抽出する手法です。因子分析の中にも 2 種類の因子分析があります。現在ある変数から共通の潜在因子を発見するための**探索的因子分析**と先行研究における因子や尺度を利用してその因子構造を確かめる**確証的（確認的）因子分析**の 2 種類です。SPSS Statistics では、探索的因子分析の実行が可能です。一方で、確証的因子分析を実行するためには、SPSS Amos を利用する必要があります。次に紹介する主成分分析が変数の集約であるのに対して、因子分析は潜在的な要素を見つけ出し、変数間の関係性を把握するために用いられます。

因子分析では、すべて量的なデータのみを扱います。たとえば、国語、算数、理科、社会、英語という 5 つの教科のテストを実施したとします。この 5 教科の結果から、文系力もしくは理系力はどれくらいあるのかを見出したいと考えたとしましょう。この文系力・理系力は、5 つのテストの結果から推定はできるけれども実際には計測できない能力（要素）といえます。このような要素を**潜在因子**といい、これを測定・推論するのが因子分析です。

探索的因子分析：SPSS Statistics

変数間にみられる相関関係から
共通する因子を探し当てる因子分析
事前のモデルは存在しない

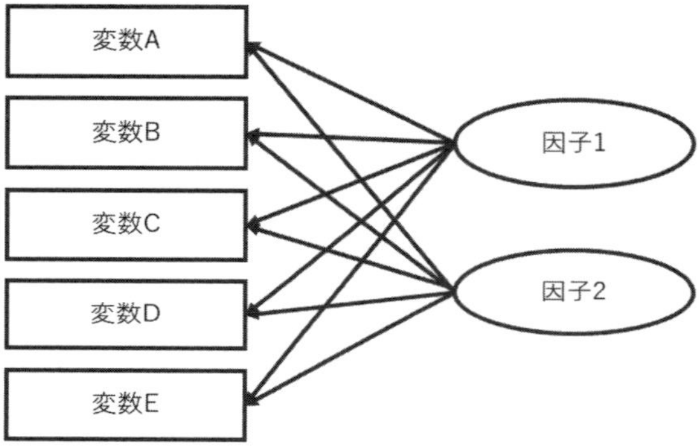

確認的因子分析：Amos

先行研究や自身の仮説を前提として
そのモデル（仮説）を観測データを
用いて確認する

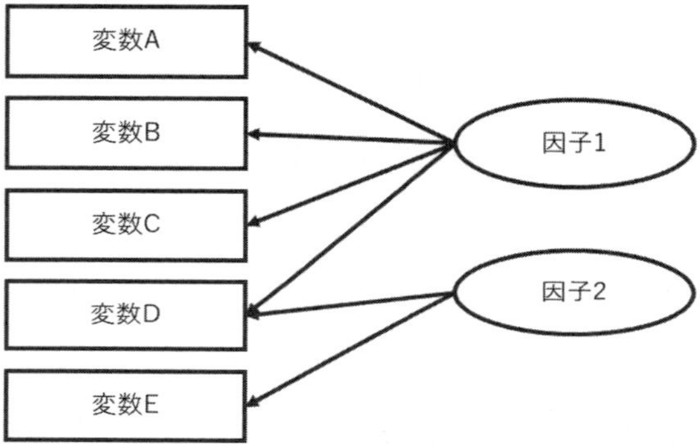

なお、因子分析を行う上での基本的に覚えておくべき用語と考え方について解説をしておきましょう。まずは上記の探索因子分析のイメージをまず把握しておきましょう。

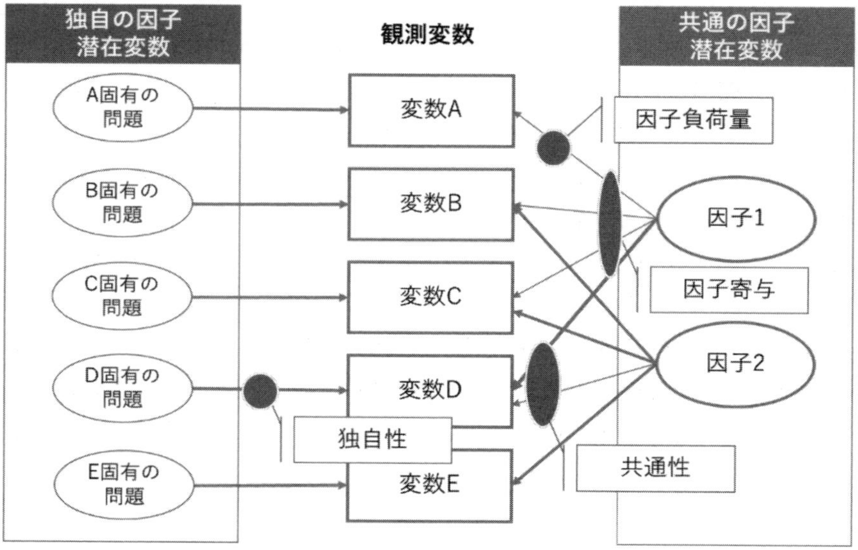

重要なエッセンスとしては各観測変数、つまりアンケート等で取得している変数の値というのは、共通項目である「因子」からの影響とまたそれぞれの固有の変数の要因からの影響の２つから決定しているという点です。

その上で前頁にある図を見ながら以下の項目について確認していきましょう。

因子負荷量

・観測変数がその因子をどの程度反映しているのかを示す
・-1.00～1.00 までの間をとる
・値が大きいほど強い関連性があると判断
・0.6 以上で高く、0.3 未満で低い（一般的に）と判断

因子の寄与（率）

・因子がデータ（観測変数）の変動をどれくらい反映しているかを示す指標

共通性

・観測変数のうち共通因子により説明される度合い
・各因子負荷量の二乗和の数値
・共通性の最大値は１。独自性は１－共通性で図る

その上では、各観測変数の値と因子の関係は次のような式で定義することができます。
K個の観測変数x_1，x_2・・ x_kを最大 k 個の共通因子f_1, f_2・・・ f_kとすると

$$x_1 = a_{11}f_1 + a_{12}f_2 + \cdots a_{1k}f_k + e_1$$

$$x_2 = a_{21}f_1 + a_{22}f_2 + \cdots a_{2k}f_k + e_2$$

$$x_k = a_{k1}f_1 + a_{k2}f_2 + \cdots a_{kk}f_k + e_1$$

■因子分析の前提

因子分析を実行する際には、次の点に注意する必要があります。

・基本的には量的変数を利用する（間隔尺度・比尺度）
・項目間に相関関係が存在することが条件
　　・0.3 以上の相関がない時には共通性がみられない可能性も
　　・0.9 以上の相関がある場合には多重共線性や単一性の恐れもある
・因子数は質問項目の 30%から 40%
　　つまり因子を 6 つ出したいという場合には 18－24 変数が必要ということです。
・ケース数：変数の 5～10 倍程度が必要

■KMO の標本妥当性について

さて、上記の通り因子分析を行う場合には、項目間に相関があることが前提となります。その基準を満たしているのかを確認する項目が KMO の標本妥当性(Kaiser-Meyer-Olkin measure of sampling) です。

主成分分析の際には Bartlett の球面性検定を利用します。一方因子分析については、他の観測変数との相関が重要になることからこの KMO を確認します。KMO 自体は相関係数の平方和の（相関係数の平方和＋偏相関係数の平方和）の割合を示しています。

$$KMO = \frac{\Sigma_i \Sigma_{i \neq j} r_{ij}^2}{\Sigma_i \Sigma_{i \neq j} r_{ij}^2 + \Sigma_{i \neq j} P_{ij}^2}$$

r_{ij} ：相関行列の i 行 j 列の相関係数

P_{ij} ：他の観測変数をコントロールした偏相関変数

全体に偏相関が小さい時に KMO は大きくなります。これは他の観測変数で説明されることが大きい（つまり共通因子がありそう）ため因子分析が妥当と判断します。KMO 自体は 0 から 1 までの値をとり、0.80 以上で妥当と判断します。0.60 以下では再検討となります。

■因子分析のステップ

さて、因子分析を行うステップは以下の通りです。

1. **因子数の決定**
2. **因子抽出法の決定** ：どうやって因子を見つけるのか
3. **因子軸の回転の決定** ：抽出した因子を見やすくする方法
4. **因子の解釈**

まず因子数の決定については、一般的に固有値という項目を元に決定します。固有値自体は各因子の分散を表しており、共通因子により観測変数がどれくらい説明できるのかを示しています。通常固有値1以上のものを因子として抽出します。その上で固有寄与を確認します。これは各因子が観測変数全体のどれくらいを説明しているのかを表すものです。それを足し合わせたものが累積寄与率となります。寄与率が高ければ高いほど、観測された変数は共通する項目である因子から説明がつくことを意味しています。

続いて因子抽出方法を決定します。抽出方法については複数の抽出法があります。代表的なものを挙げておきます。昨今はPCの性能も向上していることから最尤法を採択することが多いようです。

・**一般化最小二乗法**：サンプルサイズが小さい時に利用されることが多い。
・**主因子法**：第1因子から順に因子寄与率が最大になるように因子を抽出。一昔前は結構流行っていた方法。
・**最尤法**：尤度を利用して抽出。適合度検定が可能。推定精度が高い。一方で小サンプルが苦手という特徴もある。

因子が抽出された後は、因子をわかりやすくするために回転を行います。この回転方法についても大きく2つの方法が存在します。
・**直行回転**：因子間は互いに独立であるとした上での回転方法。例：バリマックス回転
・**斜交回転**：因子間には相関関係が存在するとした上での回転方法。例：プロマックス回転

■因子分析の手順

　さて、それではSPSSによる因子分析を実行してみましょう。サンプルデータの中からQ3の各項目を用いて因子分析を行っていきます。

手順❶　メニューバーから［**分析**］＞［**次元分解**］＞［**因子分析**］を選びます。

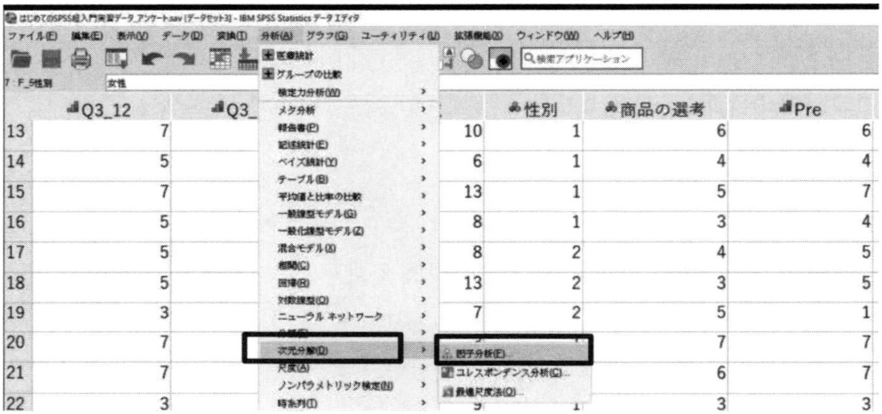

手順❷　［**因子分析**］ダイアログが表示されます。因子を抽出したい変数を［**変数**］に移動します。今回は次の項目を選択します。**Q3_1 / Q3_2 / Q3_3 / Q3_4 / Q3_9 / Q3_11 / Q3_12**

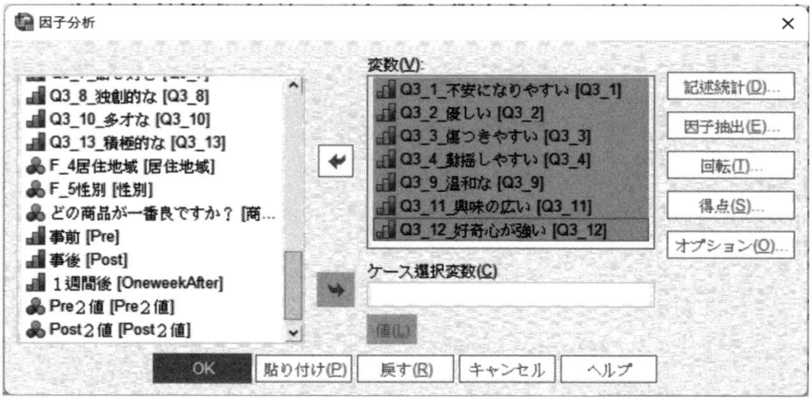

手順❸ 続いて、**因子抽出** ボタンをクリックします。［**方法**］の部分は［**最尤法**］を選択します。さらに［**スクリープロット**］のチェックを入れ、**続行** を押しましょう。抽出の基準が固有値の下限：1と表示されています。つまり固有値1以上の因子を抽出するということがここで設定されています。

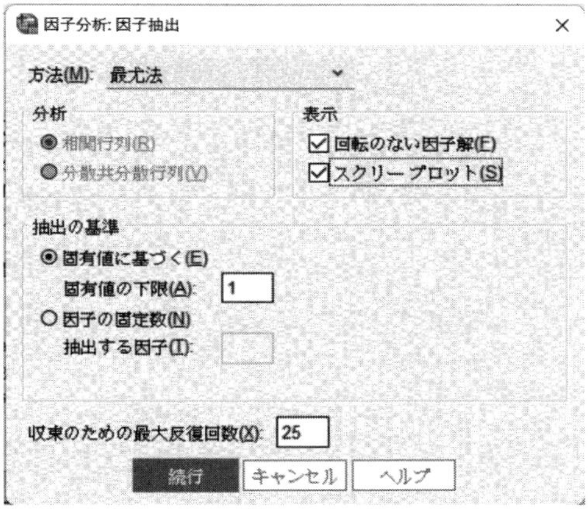

手順❹ ［**因子分析**］画面に戻ったら、**回転** ボタンをクリックします。
［**方法**］の部分は、斜交回転である［**プロマックス**］を選択。さらに［**因子負荷プロット**］にチェックを入れ、**続行** を押します。

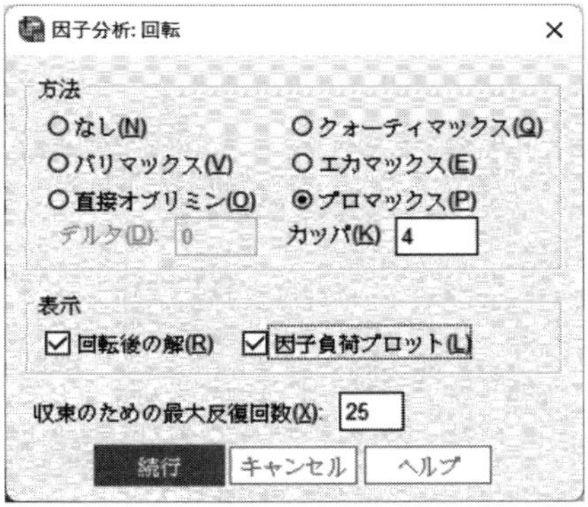

手順❺　[因子分析]の画面に戻ったら **記述統計** ボタンをクリックします。ここでは[KMO と Bartlett の球面性検定]にチェックを入れ**続行**ボタンを押しましょう。

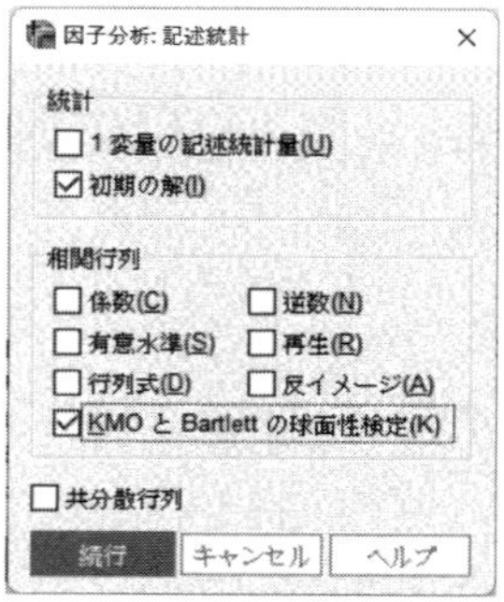

手順❻　[因子分析]の画面に戻ったら **オプション** ボタンをクリックします。「係数の表示書式」の［サイズによる並び替え]にチェックが入っていることを確認した上で**続行**ボタンを押しましょう。

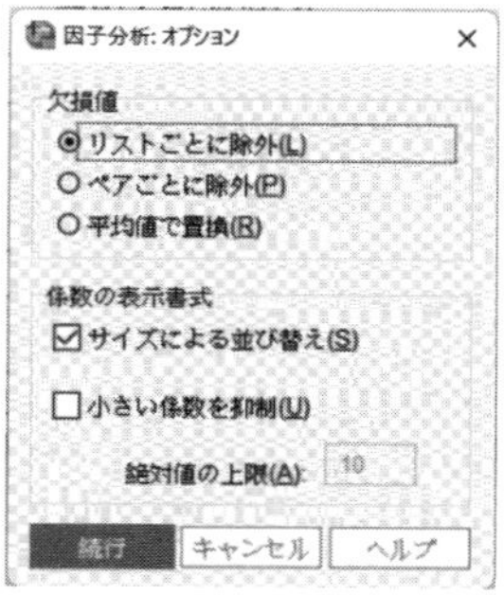

手順❼　戻った画面で、最後に **OK** を押します。

因子分析の結果が出力されます。

KMO および Bartlett の検定

Kaiser-Meyer-Olkin の標本妥当性の測度		.572
Bartlett の球面性検定	近似カイ 2 乗	283.185
	自由度	21
	有意確率	<.001

まず[KMO および Bartlett の検定]について確認を行います。今回のサンプルデータではあまり KMO が良くありません。この指標が項目間に十分な相関があるのかを検定している結果となります。先述の通り 0.6 を超えない場合には再度検討が必要なります。今回はサンプルということもありこのまま進めます。

共通性[a]

	初期	因子抽出後
Q3_1_不安になりやすい	.593	.710
Q3_2_優しい	.577	.999
Q3_3_傷つきやすい	.590	.730
Q3_4_動揺しやすい	.492	.586
Q3_9_温和な	.550	.533
Q3_11_興味の広い	.544	.999
Q3_12_好奇心が強い	.490	.466

因子抽出法: 最尤法

a. 反復中に１つまたは複数の1よりも大きい共通性推定値がありました。得られる解の解釈は慎重に行ってください。

続いて[共通性]を確認します。[共通性]は、各因子からの影響度を表します。値が小さい場合には、独自性の方が強い項目であるということになります。この値があまりにも小さい変数は除外する方がよいでしょう。一般的に［**因子抽出後**］の欄で 0.1 以下のものは除外した方がよいといわれています。

説明された分散の合計

	初期の固有値			抽出後の負荷量平方和			回転後の負荷量平方和[a]
因子	合計	分散の %	累積 %	合計	分散の %	累積 %	合計
1	2.537	36.238	36.238	1.640	23.425	23.425	2.171
2	1.685	24.071	60.309	1.479	21.123	44.548	1.503
3	1.540	22.000	82.308	1.905	27.207	71.755	1.535
4	.403	5.761	88.069				
5	.365	5.218	93.288				
6	.273	3.906	97.193				
7	.196	2.807	100.000				

因子抽出法: 最尤法

a. 因子が相関する場合は、負荷量平方和を加算しても総分散を得ることはできません。

［**説明された分散の合計**］部分では、固有値 1 以上の因子が 3 つ抽出されたことがわかります。また、その 3 つの因子で、全体の 71.75%程度の説明力をもっていることも見て取れます。

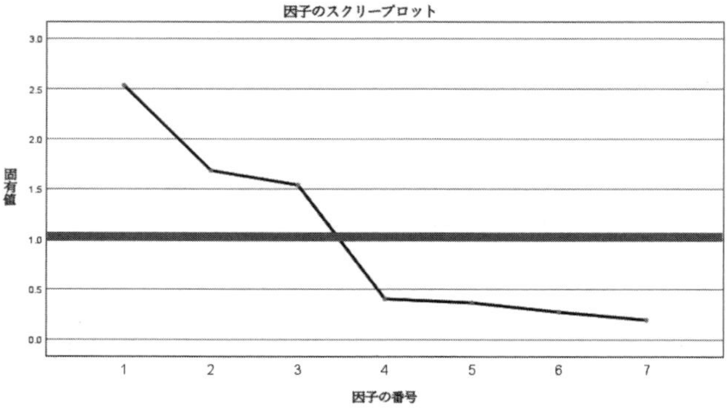

［**因子のスクリープロット**］からも、3 つの因子が固有値 1 以上として抽出されていることがわかります。

パターン行列[a]

	因子		
	1	2	3
Q3_3_傷つきやすい	.860	-.008	.024
Q3_1_不安になりやすい	.832	.021	-.033
Q3_4_動揺しやすい	.782	-.086	.079
Q3_2_優しい	.110	.984	-.018
Q3_9_温和な	-.191	.713	.080
Q3_11_興味の広い	-.079	-.064	.972
Q3_12_好奇心が強い	.141	.118	.696

因子抽出法: 最尤法
回転法: Kaiser の正規化を伴うプロマックス法
a. 4 回の反復で回転が収束しました。

また、［**パターン行列**］を見ることにより各因子を解釈することができます。この表をエクセルなどにコピー&ペーストして把握するとより作業がしやすいでしょう。例えば第 1 因子は、Q3_3、Q3_1、Q3_4 の各項目に強い影響を持つようです。不安因子と名付けることにします。第 2 因子は Q3_2、Q3_9 の項目でやさしさ因子、第 3 因子は Q3_11 と Q3_12 から好奇心因子などの名前を付けます。この因子の解釈や命名については、一人ではなく複数人の意見を聞きながら設定するとより良い因子の解釈ができるでしょう。

7−2 複数の変数を集約する：主成分分析

主成分分析は、複数ある変数をより少数の変数に集約させる分析手法です。SPSSでは［**因子分析**］のメニューから実行しますが、主成分分析と因子分析の考え方はまったく異なります。因子分析は、手元にあるデータから背景にある事象を考える手法であるのに対し、主成分分析は、変数の集約を目的とした分析手法です。

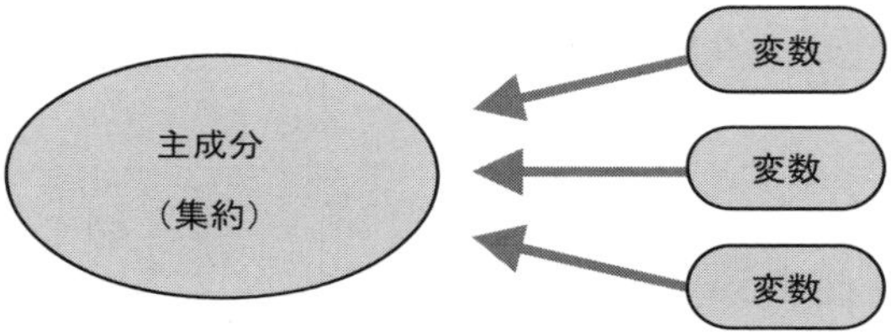

英語では主成分分析は、Principal Component Analysis から PCA と記載されていることもあります。主成分分析の目的は多くの変数をまとめる、つまり次元を収縮することにあります。例えばアンケートの項目が50項目ある場合に、回答者の負担からさらに質問を絞りたいなどの場合に有効な分析手法といえます。

先述の因子分析と似ている手法ですが、因子分析との違いは、因子分析が背景情報としての因子ならびに誤差項を規定しているのに対して、主成分分析では背景はあまり考えていません。得られている情報そのものから次元を集約することを目的としている点が異なります。

本書では詳細は割愛しますが、主成分を作成する際には各データと原点との距離を計算し、その距離を元にまず第1主成分を作成します（PC1)。そのため、主成分分析における第1主成分は、データ全体での総合指標の意味合いがあるものが作成されます。

なお、主成分分析においても、因子分析同様に各項目に相関がなければ変数をまとめることができないために事前に相関があるかどうかを確認する必要があります。因子分析ではKMOを利用しましたが、主成分分析では**「Bartlettの球面性検定」**により把握します。この際の帰無仮説は「母相関行列は単位行列である」（つまり無相関）であるため、帰無仮説を棄却できる場合には相関が存在し主成分分析を実行可能と判断します。

■主成分分析の手順

ここでも、先ほどと同様にQ3の項目を利用して、13個ある項目をまとめていくことにします。

手順❶ メニューバーから［**分析**］＞［**次元分解**］＞［**因子分析**］を選びます。

手順❷ ［**因子分析**］ダイアログが表示されます。［**因子分析**］ダイアログにおいて集約する変数を選択します。今回はQ3のすべての項目を設定します。

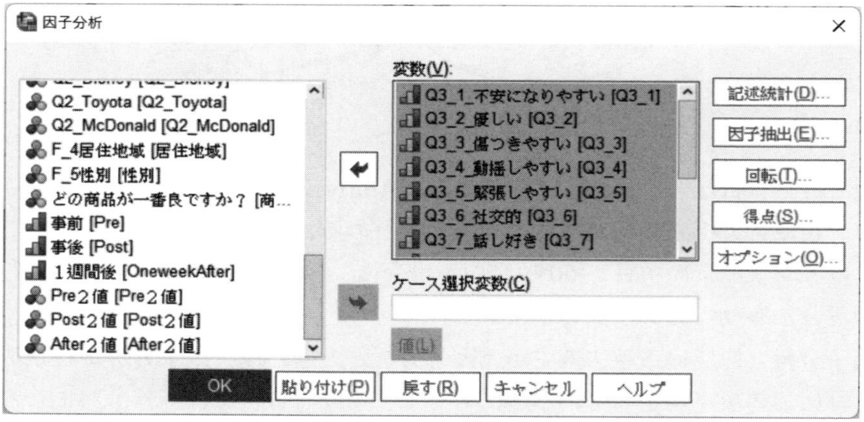

手順❸ 因子抽出 ボタンをクリックし、［**方法**］で［**主成分分析**］を選択して、続行 を押します。

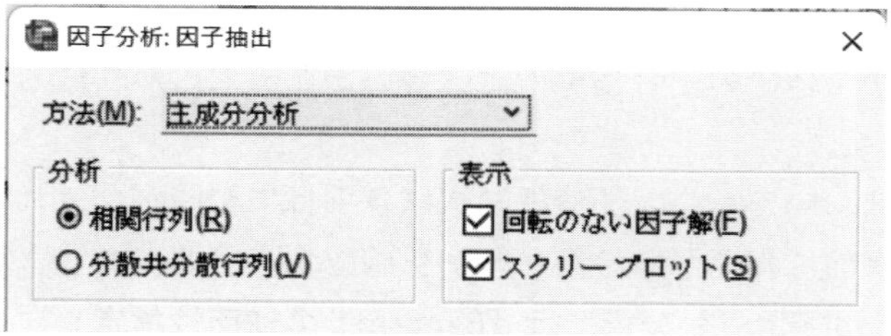

手順❹　［**因子分析**］画面に戻ったら、回転 ボタンをクリック。回転は「なし」を選択します。［**表示**］部分で［**因子負荷プロット**］を選んで、続行 を押します。

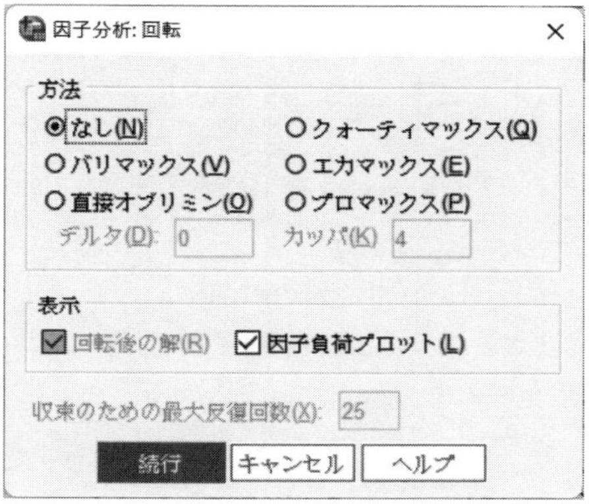

手順❺　［**因子分析**］画面に戻ったら、記述統計 ボタンをクリック。
［**統計**］部分では［**1変量の記述統計量**］［**初期の解**］を、［**相関行列**］部分では［**係数**］を選んで、続行 を押します。

手順❻　［**因子分析**］画面に戻ったら、**オプション** ボタンをクリック。
［**係数の表示書式**］部分で［**サイズによる並び替え**］をクリックして、**続行** を押します。

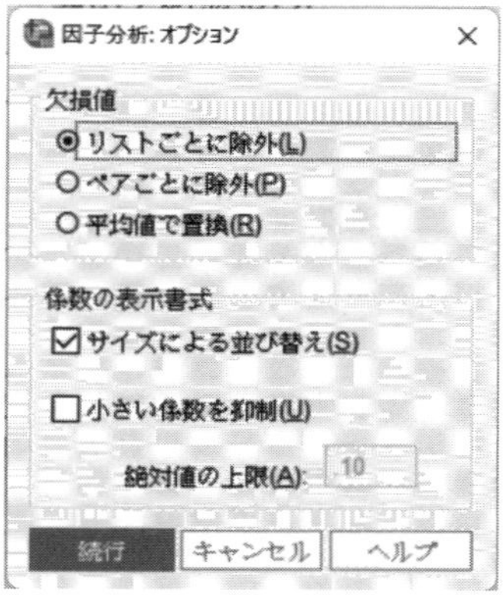

手順❼　［**因子分析**］画面に戻ったら、**OK** を押せば完了です。
主成分分析を行った後、次のような値が出力されます。

説明された分散の合計

	初期の固有値			抽出後の負荷量平方和		
成分	合計	分散の %	累積 %	合計	分散の %	累積 %
1	2.967	22.826	22.826	2.967	22.826	22.826
2	2.393	18.408	41.234	2.393	18.408	41.234
3	1.872	14.401	55.635	1.872	14.401	55.635
4	1.257	9.669	65.304	1.257	9.669	65.304
5	1.159	8.916	74.221	1.159	8.916	74.221
6	.845	6.497	80.717			
7	.765	5.882	86.599			
8	.555	4.273	90.872			
9	.382	2.937	93.809			
10	.335	2.575	96.384			
11	.258	1.987	98.371			
12	.204	1.569	99.940			
13	.008	.060	100.000			

因子抽出法: 主成分分析

［**説明された分散の合計**］では、13 変数のすべてを使った場合の結果が表示されます。今回は固有値を 1 以上にした場合には、5 つの主成分が作成されました。

成分行列[a]

	成分				
	1	2	3	4	5
Q3_11_興味の広い	.726	.163	-.015	-.322	.461
Q3_3_傷つきやすい	-.632	.551	.251	-.065	.209
Q3_13_積極的な	.630	.344	.109	.412	.031
Q3_1_不安になりやすい	-.612	.563	.281	-.107	.078
Q3_12_好奇心が強い	.543	.432	.157	.005	.428
Q3_10_多才な	.496	.412	.037	-.244	-.349
Q3_4_動揺しやすい	-.545	.588	.137	-.075	.276
Q3_5_緊張しやすい	.095	-.576	.451	-.145	.471
Q3_8_独創的な	.397	.527	.012	-.258	-.260
Q3_9_温和な	.162	-.436	.875	-.103	-.016
Q3_2_優しい	-.035	.079	.802	-.013	-.455
Q3_7_話し好き	-.273	-.081	.054	.643	.134
Q3_6_社交的	.405	.336	.239	.625	-.003

因子抽出法: 主成分分析

a. 5 個の成分が抽出されました

［**成分行列**］の表では、それぞれの主成分における重要度を把握することが可能です。ポイントとしては、因子分析と違い、各主成分は、列の係数をすべて足し合わせた情報に意味があるということです。また第 1 主成分は先の通り全体を言い表す指標となる重要な項目が含まれている点にも注目しましょう。主成分分析では、このあと、それぞれの主成分に名前をつけるという作業を行います。この作業については、どのような解釈を行うかによって名前のつけ方も変わってきます。より客観的な解釈を行いたいという場合には、複数人で内容を検討し、解釈することも有効です。

7−3 データからグループ分けを行う:クラスタ分析

クラスタ分析は、集団の中から似ているグループを作成して分類したいときに利用する分析手法で、似ている変数またはケース(サンプル)がどのように類似しているのかが識別できます。クラスタ分析には**階層クラスタ分析**と**非階層クラスタ分析**の２種類があります。SPSS の基本機能で、階層クラスタ分析の**デンドログラム**（樹形図）の作成と K-means、Two-Step などの非階層クラスタの実行が可能です。

階層クラスタ分析は分析結果を樹形図（デンドログラム）で表現し、どの変数（またはケース）が距離的に近いのか、視覚的に判断することができます。

非階層クラスタ分析は、似たような傾向のサンプルを、クラスタの平均値を計算しながら、グルーピングしていきます。この手法は、自分でクラスタの個数を設定できますが、分析結果がデンドログラムのように視覚的には出力されません。このような場合は、クラスタの傾向を見やすくグラフ化するなど工夫をするとよいでしょう。

■K-means 分析の基礎

クラスタ分析においては、いずれも距離を利用して分類を行っていきます。ここからは K-means 法の概念について説明をしていきましょう。

K-means 法は、各クラスタの平均値（mean）を用いて、初期に設定した k 個のクラスタを分類するというクラスタリング手法です。

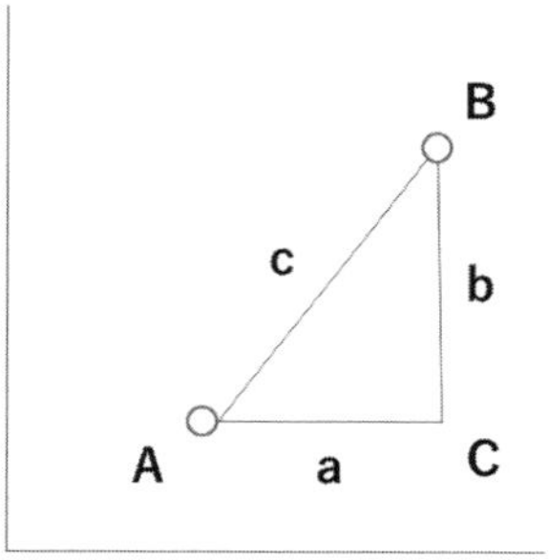

その際に「距離」を利用して分類を行います。距離の計算については、例えば右図の A と B の距離を求める際には $a^2 + b^2 = c^2$　つまり $c = \sqrt{a^2 + b^2}$を求めることで計算可能です。これをユークリッド距離といいます。実際には、単位によって変化してしまうので標準化します。

なお、上記の式は単純な 2 次式です。実際には多くの変数があるので、例えば、n 個の変数があり、a 番目のケースと b 番目のケースの距離を計算する場合には次のような式で表現します。

$$\text{A 距離}ab = \sqrt{\sum_{i=1}^{n}(X_{ab} - X_{ab})^2}$$

この距離を利用して分類を行っていくわけですが、K-means 法では、初期にクラスタ数を設定し、ランダムに初期の中心を作成します。そして各データとの距離と中心を割り出し、重心を計算していきます。この重心の計算を繰り返し、重心点が移動しなくなったら計算を終了します。

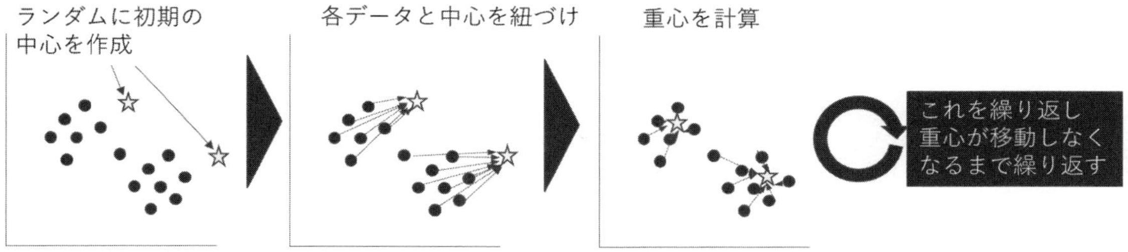

K-means 法は、初期のクラスタをランダムに設定します。また初期クラスタ数を自分で選択するところが特徴です。そのため、いくつかのクラスタ数を試しながら実施すると良いでしょう。

■K-means 分析の手順

それでは、ここからは SPSS で K-means を実行してみましょう。今回はサンプルデータのうち、「都道府県別耐久消費財保有データ.sav」を利用します。

手順❶　メニューバーから［**分析**］＞［**分類**］＞［**大規模ファイルのクラスタ**］をクリックします。

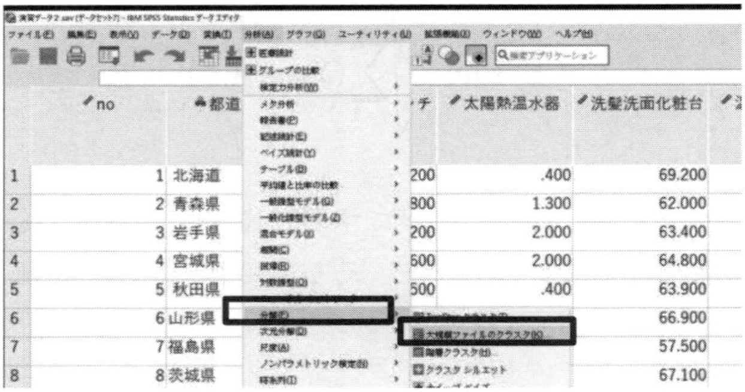

手順❷　設定画面では、候補から分類に利用する変数をすべて投入します。また、[ケースのラベル]に「都道府県」を設定します。[クラスタの個数]には初期クラスタ数を設定します。今回は「6」を設定しましょう。

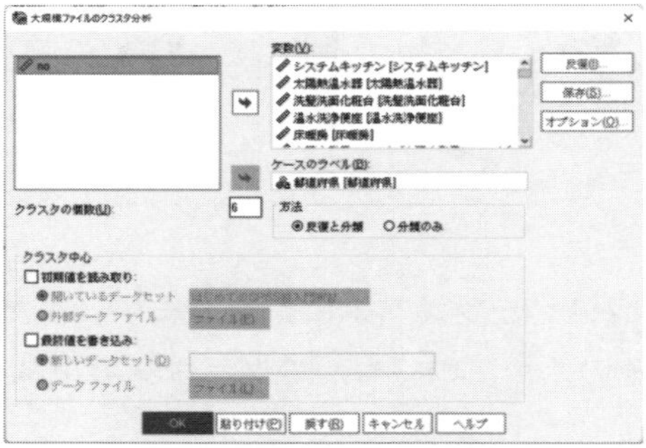

手順❸　[保存]ボタンを押し、[所属クラスタ]にチェックを入れます。[続行]を押し設定画面に戻ったら[OK]を押しましょう。

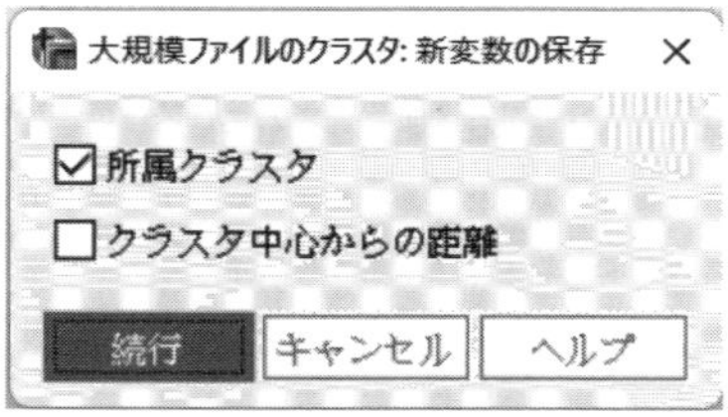

出力を確認しましょう。「初期クラスタ中心」では、ランダムにおいたクラスタの中心情報が表示されます。この値から「最終クラスタ中心」まで、重心（中心）が移動したことを表示しています。

初期クラスタ中心

	クラスタ					
	1	2	3	4	5	6
システムキッチン	58.200	36.000	64.700	61.500	57.900	44.800
太陽熱温水器	.400	3.500	2.600	1.100	6.300	7.200
洗髪洗面化粧台	69.200	36.500	72.400	61.700	65.700	52.900
温水洗浄便座	73.100	28.000	80.300	70.300	74.800	58.400
床暖房	21.200	.200	5.200	24.100	11.100	3.100
太陽光発電システム	1.800	7.100	6.200	3.600	10.600	7.600
高効率給湯器	12.200	7.300	37.700	20.000	22.900	22.800
家庭用コージェネレ ンシステム						
家庭用エネルギー管 テム						
電子レンジ電子オー ンジを含む						
自動炊飯器遠赤釜・						
冷蔵庫						
電気掃除機						
洗濯機						
ＩＨクッキングヒー						

最終クラスタ中心

	クラスタ					
	1	2	3	4	5	6
システムキッチン	52.067	36.000	61.177	60.314	56.973	49.322
太陽熱温水器	1.233	3.500	4.331	1.829	3.282	9.633
洗髪洗面化粧台	64.867	36.500	66.969	63.757	65.682	58.600
温水洗浄便座	64.867	28.000	75.385	71.529	72.173	62.556
床暖房	12.267	.200	7.454	15.643	8.191	2.500
太陽光発電システム	3.633	7.100	8.123	4.886	7.573	10.044
高効率給湯器	15.500	7.300	31.454	22.957	23.564	26.633
家庭用コージェネレーショ	.500	.100	.969	1.371	.691	.744

反復の記述については、「最終クラスタ中心」までの軌跡が表示されます。今回は３回で中心が動かなくなった（分析が終了した）ことを表示しています。

各クラスタのケース数では、最終的に各クラスタに何人（何ケース）所属しているのかを表示させています。各クラスタによる検定などはANOVA（分散分析）などを行うことにより可能です（利用するのは保存したクラスタ番号）。

反復の記述[a]

反復	クラスタ中心での変化 1	2	3	4	5	6
1	24.602	.000	21.487	26.991	23.096	18.994
2	10.490	.000	.000	2.632	2.891	3.190
3	.000	.000	.000	.000	.000	.000

a. クラスタ中心の変化がないか、または変化が少量のため、収束が完了しました。任意の中心の最大絶対座標変化は .000 です。現在の反復は 3 です。初期中心間の最小距離は 52.136 です。

各クラスタのケース数

クラスタ	1	3.000
	2	1.000
	3	13.000
	4	7.000
	5	11.000
	6	9.000
有効数		44.000
欠損		3.000

■階層クラスタ分析の概要

ここからは階層クラスタの分析の基礎を学んでいきましょう。先ほどの K-means は、階層的な考え方はなく、距離を測りその中心を移動しながら収束点を探るということでデータを分類していきました。これから実行していく階層クラスタは、2 つずつペアを作り結合していくという手法を取ります。階層クラスタの特徴は、見た目で理解がしやすいという点にあります。一方で、適切なデータ数は 50 ケース以下となります。

ケースをまとめていく手法はいくつかありますが、その中で有名な方法は**「Ward 法（ウォード法）」**です。この Ward 法の利用条件は連続変数であり凝集型階層的クラスタリングとも呼ばれます。これは、すべてのケースが別クラスタということを前提として距離が近い 2 ケースを 1 ケースにまとめていく手法で、目標クラスタになるまで実施していくという手法です。

	統計	歴史
中島君	70	50
片山君	80	60
鈴木君	90	70
井上君	40	80
中野君	50	60
佐藤君	60	50

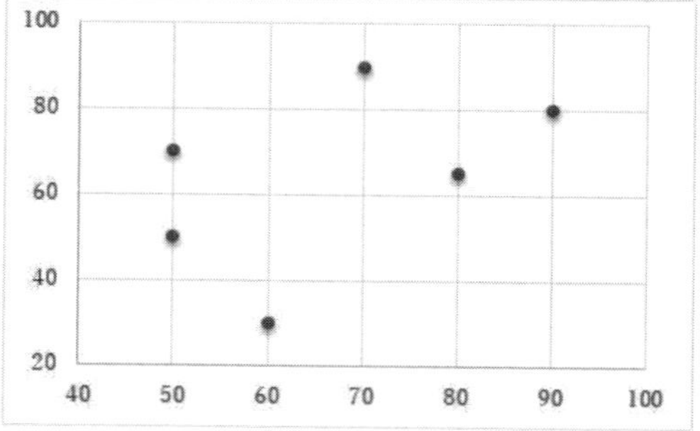

今、仮に 6 人分のテストの結果があったとしましょう。散布図にすると上のようになります。はじめにこれらの距離を計算してみましょう。先述のように 2 軸であればそれぞれの距

離が算出できますね。まずはそれぞれの距離を計算すると以下のような表にまとめることができます。この中で一番距離が短い、つまり数値が小さいものは「中野」「片山」両名です。

	中島	片山	鈴木	井上	中野	佐藤
中島	-	-	-	-	-	-
片山	60.8	-	-	-	-	-
鈴木	28.3	30.4	-	-	-	-
井上	60.8	40.3	41.2	-	-	-
中野	22.4	18.0	41.2	58.3	-	-
佐藤	44.7	33.5	20.0	22.4	50.0	-

そこで「中野」「片山」をペアとして結合します。この２名のデータの平均を重心として新たに今度は５つのデータでの距離を計算します。「中島」「鈴木」「井上」「片山・中野」「佐藤」の５つです。しかし困ったことに新しい「片山・中野」と他の４名との距離がわかりません。

	中島	鈴木	井上	片山・中野	佐藤
中島	-	-	-	-	-
鈴木	28.3	-	-	-	-
井上	60.8	41.2	-	-	-
片山・中野				-	-
佐藤	44.7	20.0	22.4		-

そこで登場するのがWard法です。Ward法は、ペアの分散が最小になるように結合していく方法で多くの分野で利用される手法です。Ward法での計算方法は以下のように定義されます。

$$\sqrt{\frac{n(A,C)}{n(A,B,C)}AC^2+\frac{n(B,C)}{n(A,B,C)}BC^2-\frac{n(C)}{n(A,B,C)}AB^2}$$

例えば結合したペアを（A、B）、結合する項目をCとします。またnは、結合されていくケース数とします。先ほどの表から計算をしてみましょう。Aを片山、Bを中野、Cを中島とすると、次のように計算ができます。

$$\sqrt{\frac{2}{3}AC^2 + \frac{2}{3}BC^2 - \frac{1}{3}AB^2} = \sqrt{\frac{2}{3}3700 + \frac{2}{3}500 - \frac{1}{3}325} = 51.88$$

	中島	片山	鈴木	井上	中野	佐藤
中島	-	-	-	-	-	-
片山	60.8	-	-	-	-	-
鈴木	28.3	30.4	-	-	-	-
井上	60.8	40.3	41.2	-	-	-
中野	22.4	18.0	41.2	58.3	-	-
佐藤	44.7	33.5	20.0	22.4	50.0	-

	中島	鈴木	井上	片山・中野	佐藤
中島	-	-	-	-	-
鈴木	28.3	-	-	-	-
井上	60.8	41.2	-	-	-
片山・中野	51.88	40.52	56.94	-	-
佐藤	44.7	20.0	22.4	48.05	-

この計算をペアを作りながら進めていきます。

	中島	佐藤・鈴木	井上	片山・中野
中島	-	-	-	-
佐藤・鈴木	28.3	-	-	-
井上	60.8	38.2	-	-
片山・中野	51.88	44.3	56.94	-

	(佐藤・鈴木)・中島	井上	片山・中野
(佐藤・鈴木)・中島	-	-	-
井上	62.2	-	-
片山・中野	52.7	56.94	-

	(佐藤・鈴木)・中島・(片山・中野)	井上
(佐藤・鈴木)・中島・(片山・中野)	-	-
井上	75.1	-

最終的には 2 点の距離のみが残るはずです。そしてこの情報をグラフにまとめたものがデンドログラムです。それぞれの距離を記載すると以下のようになります。

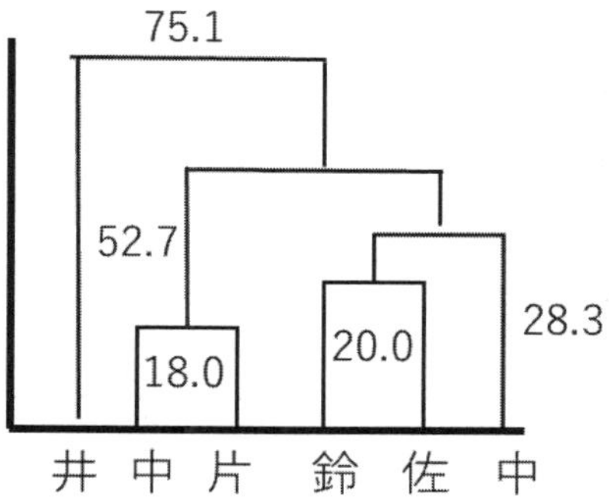

■階層クラスタ分析の実行

ここでは、サンプルデータ［car_sales.sav］を使用して、車の仕様（エンジンサイズや車の全長、車両重量など）により、どのように分類されるか調べます。トラックで、しかも高額な車種だけを選択してみましょう。

条件：　**タイプ=1&価格>100**

手順❶　メニューバーから［**分析**］＞［**分類**］＞［**階層クラスタ**］を選びます。

手順❷　［**階層クラスタ分析**］ダイアログが表示されます。クラスタ化したい変数を［**変数**］に入れます。［**ケースのラベル**］には「**モデル**」を投入します。

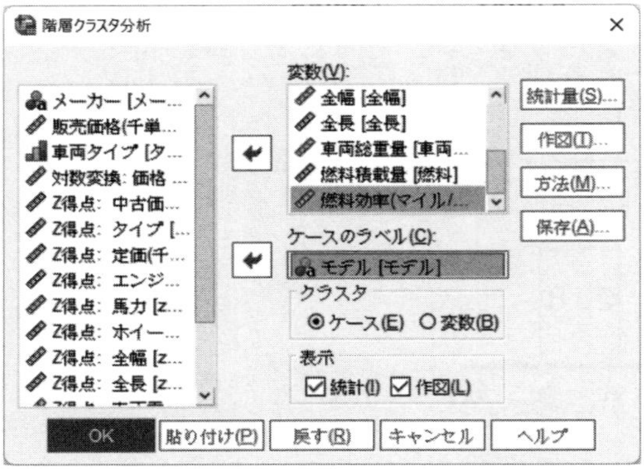

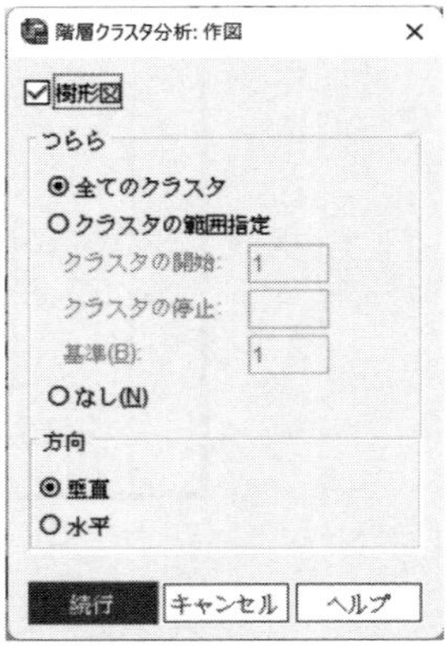

手順❸　作図 ボタンを押して、［樹形図（**デンドログラム**）］をチェックして、続行 を押します。

手順❹　［**階層クラスタ分析**］の画面に戻ったら、OK を押します。クラスタ分析の結果は次のような出力になります。

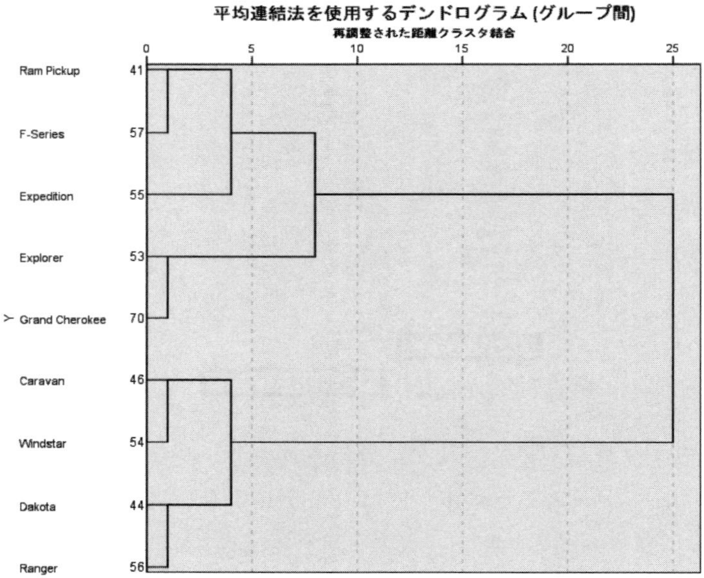

まず、Caravan、Windstar、Dakota、Ranger のグループと、それ以外のグループの２つに分けられます。さらに Caravan、Windstar、Dakota、Ranger のグループも、Caravan と Windstar のグループと Dakota と Ranger のグループに分けられていることがわかります。

なお、どの部分でクラスタを切るのかについては、判断しやすいポイントでクラスタ数を切ることが良いでしょう。解釈しやすい、誰でも納得がいく時点でクラスタを切り解釈をすすめましょう。

7-4 サンプルサイズの推定

研究や分析を進めていく上で、適切なサンプルサイズのデータを利用することは良い統計解析の結果を得る上で非常に重要です。SPSS ではサンプルサイズの計算を行う機能も搭載されています。

サンプルサイズの推定を行う際には、「有意水準」と「検定力」と「効果量」を設定することにより計算することが可能です。研究領域や研究内容によって異なりますが、多くの場合、有意水準は 0.05、「検定力」は、0.8~0.9、「効果量」は 0.5~0.7 を設定します。

このサンプルサイズの推定は、データの読み込みもしていない状態でも実行可能です。

まずは独立サンプルの t 検定における必要なサンプル数を計算してみましょう。

今回は、検定力を 0.8、有意水準を 0.05、効果量を 0.5 とした場合の必要なサンプル数を計算してみます。

手順❶　メニューバーから［**分析**］＞［**検定力分析**］＞［**独立したサンプルの t 検定**］を選びます。

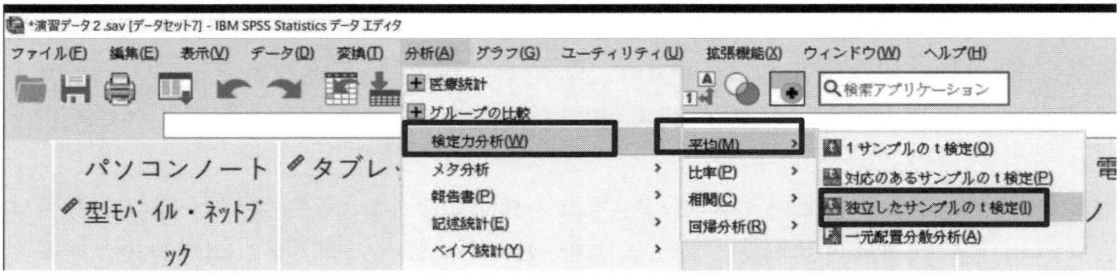

手順❶　設定画面にて、[推定値]を「サンプルサイズ」に、「単一べき乗値」を「0.8」、グループサイズ比は「1」、指定部分では「効果サイズ」を選択し、値を「0.5」に設定します。最後の部分の有意水準を「0.05」と設定して[OK]を押しましょう。

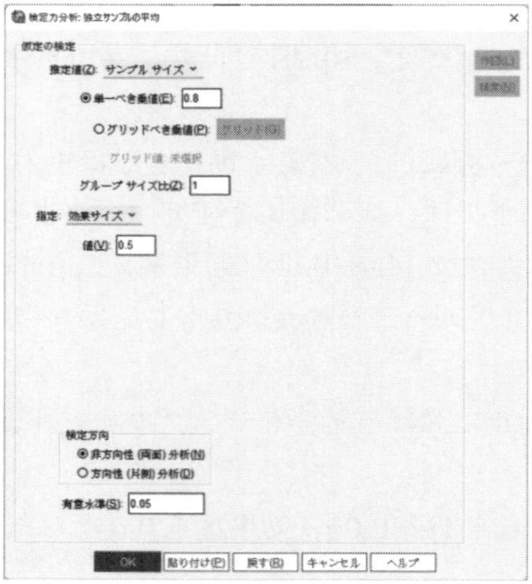

出力を確認しましょう。

検定力分析表

	N1	N2	実際の検定力[b]	仮定の検定		
				検定力	効果サイズ[c]	有意確率
平均値の差の検定[a]	64	64	.801	.8	.5	.05

a. 両側検定。
b. 非心度 t 分布に基づく。
c. グループ分散は等しいと仮定します。

上記のように2つのグループの平均値の差の検定を行う際には、それぞれの群に64サンプル、合計で128サンプル必要ということがわかります。例えば、効果量を0.7に設定すると必要なn数が変化します。先行研究なども参考にして必要なサンプル数を計算しましょう。

検定力分析表

	N1	N2	実際の検定力[b]	仮定の検定		
				検定力	効果サイズ[c]	有意確率
平均値の差の検定[a]	34	34	.812	.8	.7	.05

a. 両側検定。
b. 非心度t分布に基づく。
c. グループ分散は等しいと仮定します。

■最後に

ここまでさまざまな分析手法を紹介しました。多くの分析結果を得ることができたことでしょう。

今回紹介した手法は、とてもよく使われる分析手法です。

ここまで分析ができたのであれば、あとは応用です。ここまで分析を行ったことに自信をもって論文作成やビジネスにおけるデータの活用を進めていってください。

いま、多くのデータが世の中に溢れ、そのデータをいかに活用するかが課題となっています。データと正しく向き合い、研究に、ビジネスに上手に活用していただければ著者としては幸いです。

基本の分析は習得できました。さぁ、皆さんのデータで実際に分析を進めましょう！

あらためて、**データ分析の世界にようこそ！**

お役立ち
ブックガイド

統計学の本

■統計学基礎

『入門はじめての統計解析』　石村貞夫 著／東京図書（2006 年）

『入門はじめての多変量解析』　石村貞夫・石村光資郎 著／東京図書（2007 年）

『入門はじめての分散分析と多重比較』　石村貞夫・石村光資郎 著／東京図書（2008 年）

統計学をわかりたい、すぐ使いたい人という人にお勧めのシリーズ。電卓でも計算できるようなシンプルなデータを使い、数式を眺めていれば何となく理解できるよう書かれている。著者にはSPSS 関連書籍も多く、その解説内容が連係しているものもあるので、理論と実践を分けて勉強するのもよいだろう。

『すぐわかる統計処理の選び方』　石村貞夫・石村光資郎 著／東京図書（2010 年）

『すぐわかる統計用語の基礎知識』　石村貞夫・D. アレン・劉晨 著／東京図書（2016 年）

『選び方』は、手元のデータを《データの型》に当てはめ、そこから統計処理の手法を選ぶことができるようになっているため、「どの手法で分析すればよいのか」と迷ったときに使える手法の見当をつけやすい。『統計用語』のほうは、難しい定義を学ぶというよりも、気になる用語に出合ったときに開いてみるというようなハンドブック的な使い方をするとよい。どちらもとても実用的。

『独習！　ビジネス統計——経済データによる回帰分析入門』　松浦寿幸 著／東京図書（2012 年）

経済、経営、マーケティング分野の統計分析に特化した入門書。とくにビジネスの場面で頻繁に活用される回帰分析について、直感的に理解できること、自分で分析ができるようになること、が目標に書かれている。“直感的”という点では、そこで解説される分析手法について「なぜそうするのか？」「なぜそうなるのか？」といった動機がマンガで展開されているので親しみやすい。また“自分で分析”という点では、高度な数学的記述は多くなく、四則演算程度が基本となっている。章末には Excel による練習問題もあり、すぐに試すこともできる。ビジネス・データの分析の強力なサポートになるだろう。

■統計学全般

『統計学入門』
東京大学教養学部統計学教室 編／東京大学出版会（1991 年）

統計学の基本的な考え方から回帰分析までがていねいに解説されている入門書の代表格といえる。実例や図表も豊富でイメージしやすく、練習問題もあるので、実際に計算しつつ読み進めると理解が早い。統計についてより詳しく学びたい方にお勧めの一冊ではあるが、最低限の数学的知識は必要。

『多変量解析の基礎』
B.F.J マンリー 著／村上正康・田栗正章 訳／培風館（1992 年）

主成分分析・因子分析・クラスター分析・判別分析など主要な多変量解析の基本的な考え方や、分析手順、結果の解釈について平易に解説している。特に、高校で学ぶレベルの数式を用いているため計算方法の解説がわかりやすい。ただし、基本的な統計の知識はあったほうがよいだろう。

『経営のための多変量解析法』
本多正久・島田一明 著／産業能率大学出版部（1977 年）

経営において、統計解析がいかに活用できるかを、回帰分析・判別分析・数量化理論・クラスター分析などの手法を通じて解説している。数式が明示されているため、ロジカルに理解することができる。古い本ではあるが、経営分野を目指す読者には一読すべき書籍だろう。

『入門　多変量解析の実際』
朝野熙彦 著／ちくま学芸文庫（2018 年）

1996 年に初版が刊行され 2018 年に文庫として刊行された名著。多変量解析をはじめて利用する実務家かつ初学者向けに書かれた多変量解析の入門書。直感的に理解しやすいイメージとよく利用される方法だけを取り上げている。

SPSS の本

＊書籍によっては、出版社の Web サイトから使用しているデータをダウンロードすることもできる。

■SPSS Statistics 関連

『SPSS による統計処理の手順（第 9 版）』

石村光資郎・石村貞夫　著／東京図書（2021 年）

どんなに便利で優れたソフトウェアでも使いはじめは苦労する。本書は統計処理ソフトSPSS初心者のために、分析手法の選び方からデータの入力方法、出力結果の読み取り方までをやさしく説明。 データの型をパターンに当てはめたら、手順通りクリックするだけで、区間推定や差の検定、分散分析、回帰分析、主成分分析、 判別分析、独立性の検定や同等性の検定、適合度検定、サンプルサイズの求め方……基本操作のすべてが正しく理解できる。

『SPSS による多変量データ解析の手順（第 6 版）』

石村光資郎・石村貞夫　著／東京図書（2021 年）

データに対する最適な統計処理の選び方はパターン化で解決。SPSS への入力、知りたい結果を出すための手順、出力結果の詳しい読み取り方まで、画面 1 枚 1 枚を追うことで初心者でもすぐ理解できる。〔取り扱う手法〕重回帰分析／階層型ニューラルネットワーク／ ロジスティック回帰分析／プロビット分析／非線型回帰分析／対数線型分析／ロジット対数線型分析／決定木／主成分分析／因子分析／判別分析／クラスター分析／多次元尺度法／コンジョイント分析／パス解析／共分散構造分析

『SPSSによる分散分析・混合モデル・多重比較の手順』

石村光資郎・石村貞夫 著／東京図書（2021年）

自分でモデルを自由に構築し、研究者の悩みである欠損値の処理も一気に解決。〔主な内容〕1元配置／反復測定／クラスカル・ウォリスの検定／フリードマン検定／2元配置／3元配置／共分散分析／多変量分散分析／混合モデルによる1元配置・2元配置・分割実験・経時測定データ

『SPSSでやさしく学ぶ統計解析（第7版）』

石村貞夫・石村友二郎 著／東京図書（2021年）

はじめてでも手順通りにデータを入力、クリックするだけで分析は完了。出力結果の読み取りもポイントを押さえた解説ですぐ理解できる。 入門書であっても必要な統計学の知識が得られるように、グラフ表現や度数分布表、相関と回帰、推定と検定、クロス集計表、分散分析、時系列データ、……と内容は盛りだくさん。

『SPSSでやさしく学ぶ多変量解析（第6版）』

石村貞夫・劉晨・石村光資郎 著／東京図書（2022年）

SPSSを使えば数式や行列の計算の心配なしに結果も必要な図も瞬時に得られる。 重回帰分析から主成分分析、因子分析、判別分析、クラスター分析、多次元尺度法、さらにロジスティック回帰分析とベイズ統計による重回帰モデルの比較も追加。

『SPSSで学ぶベイズ統計入門』

清水優菜・山本 光 著／東京図書（2022年）

脚光を集めるベイズ統計をSPSSで始めるための解説本。初学者を対象とするため、数式は必要最小限にとどめ、分析と関連する概念を理解できるようにした。さらに結果の報告方法についてもわかりやすくまとめた。

『SPSS 完全活用法 データの入力と加工（第 4 版）』

酒井麻衣子 著／東京図書（2016 年）

データ加工の裏ワザとテクニックが満載。雑誌のアンケートや顧客データなどの具体的な事例から、 入力方法のテクニックやデータのクリーニングなどについてわかりやすく紹介されている。目的にあったデータ収集や加工などの下準備をきちんと行えば、データ分析の失敗はない。

『心理学・社会学のための SPSS によるデータ分析』

寺島拓幸・廣瀬毅士 著／東京図書（2022 年）

頻出の分析方法であるｔ検定・分散分析・相関分析・回帰分析・因子分析を中心に、SPSSを活用してデータ分析を行う際の重要事項をまとめた。「前提条件→手順→読み取り」の流れで考え方と操作方法のバランスをとれるようにし、レポート・論文での「示すべき情報」「提示例」を、APA スタイルをもとに効果量や信頼区間も含め示せるようにした。

■アンケート関連

『マーケティング・リサーチ入門──「調査」の基本から「提言」まで』

朝野熙彦 編著／東京図書（2018 年）

マーケティングの第一人者朝野教授によるリサーチ、アンケート調査の基本がしっかりと学べる一冊。基本的な考え方から 8 人の実務会の共著者によるマーケティング・リサーチの解説まで調査を行う方なら必ず読んでいただきたい一冊。

『SPSS でやさしく学ぶアンケート処理（第 5 版）』

石村友二郎・加藤千恵子・劉晨・石村貞夫　著／東京図書（2020 年）

調査の準備・進め方や調査票のポイントから、データ処理のための SPSS 操作＋結果の考察まで、アンケート調査の一通りを学べる初心者のためのやさしい入門書。相関分析や独立性の検定に加え残差分析と比率の多重比較も追加。ノンパラメトリック検定、主成分分析、因子分析、判別分析、ロジスティック回帰分析など、アンケートの解析に必要な手法を解説する。

『すぐわかる SPSS によるアンケートの調査・集計・解析（第 6 版）』

内田　治　著／東京図書（2019 年）

基礎的な統計学の知識も学びながらアンケート調査の解析手法とその手順や読み取り方が理解できる。アンケートをとるための準備から、比率の解析、分割表の解析、平均値の解析、相関分析などグラフ化を含めた解析の方法までが例題形式で説明されている。

■教育・心理・医学関連

『教育・心理系研究のためのデータ分析入門（第 2 版）

――理論と実践から学ぶ SPSS 活用法』

平井明代　編著／東京図書（2017 年）

書名が示すとおり、教育・心理系分野で行うデータ分析についてまとめられている。「必要な統計手法やそれらの基本概念を身につけ、自分の力でデータを読み取り、論文執筆ができるようになることを手引きする 」を主眼とし、統計の基本概念の解説から、t 検定、相関、および重回帰分析、因子分析のような基本的な分析に加え、 頻出の分散分析については、共分散分析や多変量分散分析などの応用も含めて紹介。さまざまな実験デザインが詳しく述べられている。理論から実践、そして、まとめとしての論文執筆という一連の流れがイメージしやすい。

『SPSS による心理統計』

山田剛史・鈴木雅之 著／東京図書（2017 年）

心理学領域で卒論・修論に取り組む学生のための教科書。「基礎編」では、分析方法の選択と結果の解釈について詳しく説明。「実践編」では、実際の研究で生じうる問題や、より発展的な分析を説明した。

『SPSS と Amos による心理・調査データ解析（第 3 版）――因子分析・共分散構造分析まで』

小塩真司 著／東京図書（2018 年）

SPSS を用いたデータ解析の基礎から、Amos を使ったグラフィカルなパス図による表現まで、学力テスト、授業評価の要因、友人獲得尺度、 幼児性尺度などのさまざまな心理・調査データを用いて具体的に解説されている。統計の基礎的知識に加え、検定や多変量解析を取り上げているが、そのなかでも特に因子分析がわかりやすい。「統計的な知識を身につけるには、実際にデータを分析してみるのが一番の近道」と著者が言うように、SPSS や Amos の実習にも統計の勉強にも使える。

『研究事例で学ぶ SPSS と Amos による心理・調査データ解析（第 3 版）』

小塩真司 著／東京図書（2020 年）

『SPSS と Amos による心理・調査データ解析（第 3 版）』の姉妹書。ひとつの調査データから統計手法の「合わせ技」を駆使して論文・レポートに仕上げるまでのプロセスを示している。分析結果を記述するときの表現例もあって便利に使え、手順の説明もわかりやすい。取り上げられた6つの研究事例は具体的かつ興味深いものなので、研究を追体験するように、さらには、自分の研究の「お手本」として読むとよいだろう。

『SPSS による臨床心理・精神医学のための統計処理（第 2 版）』

石村貞夫・加藤千恵子・石村友二郎 著／東京図書（2015 年）

「分析したいこと」「統計処理の手順」が各章に提示されていることから、分析の目的が明瞭で、 自分は何をしなくてはならないか、次は何をすればいいのか、その考え方と分析のプロセスがとてもわかりやすい。また、論文や報告書をまとめる際の記述例もあるため、自分自身の研究成果がまとめやすいだろう。アンケート調査後のデータ処理として、ノンパラメトリック検定や回帰分析、因子分析や主成分分析など、 この分野の研究に必要な分析手法が網羅されている。

『SPSS による医学・歯学・薬学のための統計解析（第 5 版）』

石村光資郎・久保田基夫 著・石村貞夫 監修／東京図書（2022 年）

学会や論文で研究成果を発表するとき、 どの統計手法がよいか、客観的な評価をくだせるか？ こうした悩みに、医学系でよく使われる統計学の諸手法をわかりやすく解説。多重比較、 ノンパラメトリック検定からコックス回帰分析・対数線型分析まで、さらにベイズ統計による分散分析と、論文必須の検出力とサンプルサイズの求め方を追加した。

『「医療統計」わかりません!!』

五十嵐 中・佐條麻里／東京図書（2012 年）

計算式はたくさん出てきても、「どうしてその式が出てきたの？」「なんでここでこの式なの？」 ということが感覚的にわからない。答えの数字は出てくるけれど、「これって何？」。そんな統計が大の苦手な「さじょーさん」が、「あたる先生」に率直な質問を投げかけながら、統計の考え方を理解できるようにした一冊。

『SPSSで学ぶ医療系データ解析（第2版）』

対馬栄輝 著／東京図書（2016年）

医療系のデータを扱って統計解析する際の基本事項がまとめられている。統計学やデータ解析の専門知識のない初学者から、ある程度の知識を備えた中級者以上が対象。比較的幅広い読者を対象としているため、“あまり簡単にはしない、かといって難しい理論まで深入りしない”ということを重視し、「統計手法をなんとか使えるようになったが、実際にこれでよいの？」という疑問が解決するように導く。計算過程などはSPSSに任せているが、その分、操作手順は詳しい。また、臨床研究に重要な、分割プロットデザインの手順についてもふれている。

『SPSSで学ぶ医療系多変量データ解析（第2版）』

対馬栄輝 著／東京図書（2018年）

『SPSSで学ぶ医療系データ解析』であまりふれられていない多変量データの扱いについて深く言及している。 医学のみならず複雑化する現象から得られるデータを捉えるためには、多変量解析は必須。本書では、分散分析、重回帰分析、多重ロジスティック回帰分析が取り上げられ、結論を断言しにくい事項についても、「この場合はこうする！」といった判断基準が明示されている。上記の姉妹書と併せることで、 医療系における統計の肝心な部分はほとんどマスターできるだろう。なお、2冊とも使っているSPSSのバージョンは新しくはないが、 読むうえで差し障りはない。

■Amos関連

共分散構造分析には、構造方程式モデリングを簡単に実行することができるSPSS Amosを使用することをお勧めします。

『共分散構造分析［Amos編］——構造方程式モデリング』豊田秀樹 編著／東京図書（2007年）

『はじめての共分散構造分析（第2版）——Amosによるパス解析』小塩真司 著／東京図書（2014年）

●分析手法別ブックガイド（各書籍で取り上げている主な手法です）

		SPSS Statistics関連							
		SPSSによる統計処理の手順（第9版）	SPSSによる多変量データ解析の手順（第6版）	SPSSによる分散分析・混合モデル・多重比較の手順	SPSSでやさしく学ぶ統計解析（第7版）	SPSSでやさしく学ぶ多変量解析（第6版）	SPSSで学ぶベイズ統計入門	SPSS完全活用法データの入力と加工（第4版）	社会学・心理学のためのSPSSによるデータ分析
差の検定	2つの母平均の差の検定	●			●		●		
	対応のある2つの母平均の差の検定	●					●		
	2つの母比率の差の検定	●							
	同等性の検定	●							
	ウィルコクスンの順位和検定	●							
	ウィルコクスンの符号付順位検定	●							
	コルモゴロフ・スミルノフの検定								
多変量解析	相関分析				●		●		●
	単回帰分析	●			●	●	●		●
	重回帰分析	●	●			●	●		●
	順序回帰分析								
	主成分分析	●	●			●			●
	判別分析	●	●			●			
	因子分析		●			●			●
	ロジスティック回帰分析		●						
	プロビット分析		●						
	共分散構造分析・パス解析		●						
分散分析	多重比較	●		●					●
	1元配置の分散分析	●		●	●		●		●
	クラスカル・ウォリスの検定	●		●					
	反復測定による1元配置の分散分析	●		●			●		
	2元配置の分散分析	●		●					
	フリードマンの検定			●					
	くり返しのない2元配置の分散分析	●		●					
	共分散分析	●		●					●
その他の分析	ベイズ統計						●		
	オッズ比・リスク比								
	対数線型分析		●				●		
	マンテル・ヘンツェル検定								
	カプラン・マイヤー法（生存分析）								
	コックス回帰分析								
	クラスター分析		●			●			
	コレスポンデンス分析（数量化Ⅲ類）								
	独立性の検定（カイ2乗検定）	●			●		●		●
	GLM（一般線型モデル）	●		●					
	多変量分散分析	●		●					●
	カテゴリカル回帰分析								
	カテゴリカル主成分分析								
	カテゴリカル正準相関分析								
	多重応答分析								
	3元配置の分散分析	●		●					
	多次元尺度法		●			●			
	適合度検定	●							
	信頼性分析								
	決定木		●						
	階層型ニューラルネットワーク		●						
	時系列分析				●				

		アンケート関係		教育・心理・医学関連		
		SPSSでやさしく学ぶアンケート処理（第5版）	すぐわかるSPSSによるアンケートの調査・集計・解析（第5版）	教育・心理系研究のためのデータ分析入門（第2版）	SPSS による心理統計	SPSSとAmosによる心理・調査データ解析（第3版）
差の検定	2つの母平均の差の検定		●		●	
	対応のある2つの母平均の差の検定		●		●	
	2つの母比率の差の検定		●			
	同等性の検定					
	ウィルコクスンの順位和検定		●			
	ウィルコクスンの符号付順位検定		●			
	コルモゴロフ・スミルノフの検定			●		
多変量解析	相関分析	●	●	●	●	●
	単回帰分析			●	●	
	重回帰分析			●	●	●
	順序回帰分析	●				
	主成分分析	●		●		●
	判別分析	●		●		●
	因子分析	●		●	●	●
	ロジスティック回帰分析	●				
	プロビット分析					
	共分散構造分析・パス解析					●
分散分析	多重比較				●	●
	1元配置の分散分析			●	●	●
	クラスカル・ウォリスの検定		●		●	
	反復測定による1元配置の分散分析					
	2元配置の分散分析			●	●	●
	フリードマンの検定					
	くり返しのない2元配置の分散分析					●
	共分散分析			●		●
その他の分析	ベイズ統計				●	
	オッズ比・リスク比		●			
	対数線型分析					
	マンテル・ヘンツェル検定					
	カプラン・マイヤー法（生存分析）					
	コックス回帰分析					
	クラスター分析	●				●
	コレスポンデンス分析（数量化Ⅲ類）	●				●
	独立性の検定（カイ2乗検定）	●			●	
	GLM（一般線型モデル）					
	多変量分散分析			●		
	カテゴリカル回帰分析	●				
	カテゴリカル主成分分析	●				
	カテゴリカル正準相関分析	●				
	多重応答分析	●				
	3元配置の分散分析			●		
	多次元尺度法					
	適合度検定		●			
	信頼性分析					
	決定木					
	階層型ニューラルネットワーク					
	時系列分析					

		教育・心理・医学関連				
		研究事例で学ぶSPSSとAmosによる心理・調査データ解析（第3版）	SPSSによる臨床心理・精神医学のための統計処理（第2版）	SPSSによる医学・歯学・薬学のための統計解析（第5版）	SPSSで学ぶ医療系データ解析（第2版）	SPSSで学ぶ医療系多変量データ解析（第2版）
差の検定	2つの母平均の差の検定				●	
	対応のある2つの母平均の差の検定					
	2つの母比率の差の検定					
	同等性の検定					
	ウィルコクスンの順位和検定		●	●	●	
	ウィルコクスンの符号付順位検定			●	●	
	コルモゴロフ・スミルノフの検定			●		
多変量解析	相関分析	●	●		●	●
	単回帰分析		●			
	重回帰分析		●		●	●
	順序回帰分析			●		
	主成分分析	●				●
	判別分析	●				●
	因子分析	●	●			●
	ロジスティック回帰分析		●	●		
	プロビット分析			●		
	共分散構造分析・パス解析	●				
分散分析	多重比較	●		●	●	
	1元配置の分散分析		●		●	
	クラスカル・ウォリスの検定		●	●		
	反復測定による1元配置の分散分析					
	2元配置の分散分析	●		●	●	
	フリードマンの検定					
	くり返しのない2元配置の分散分析					
	共分散分析	●			●	
その他の分析	ベイズ統計					
	オッズ比・リスク比		●		●	
	対数線型分析			●		
	マンテル・ヘンツェル検定			●		
	カプラン・マイヤー法（生存分析）			●		
	コックス回帰分析			●		
	クラスター分析	●				
	コレスポンデンス分析（数量化Ⅲ類）	●				
	独立性の検定（カイ2乗検定）		●			
	GLM（一般線型モデル）		●			
	多変量分散分析					
	カテゴリカル回帰分析		●			
	カテゴリカル主成分分析		●			
	カテゴリカル正準相関分析					
	多重応答分析					
	3元配置の分散分析					
	多次元尺度法					
	適合度検定					
	信頼性分析					
	決定木					
	階層型ニューラルネットワーク					
	時系列分析					

索　引

事項索引

操作に関する索引

●── マ 行

●── ヤ・ラ 行

著者紹介

畠《はた》　慎一郎《しんいちろう》

明治学院大学大学院経済学研究科修了（経営学修士）
大学時代に経済数学・金融工学を、大学院時代にマーケティング・消費者行動研究を専攻。データを活用したマーケティング戦略について学ぶ。SPSS 株式会社を吸収合併した日本 IBM 株式会社、株式会社セールスフォース・ドットコムを経て、現在、スマート・アナリティクス株式会社代表取締役。

田中《たなか》 多恵子《たえこ》

明治学院大学大学院経済学研究科修了（経営学修士）
東京工業大学情報理工学院情報工学系 知能情報コース 博士課程修了（博士（学術））
ダイレクトマーケティングの専門エージェンシー等を経て、現在、日本 IBM 株式会社にて SPSS をはじめとする先進的データ分析ソリューションの提案活動に従事。

SPSS超入門《エスピーエスエスちょうにゅうもん》　第3版

——インストールからはじめるデータ分析《ぶんせき》

2015年12月25日　第1版第1刷発行　　Printed in Japan
2019年 7月25日　第2版第1刷発行
2022年12月25日　第3版第1刷発行

著　者　畠　慎　一　郎
　　　　田　中　多　恵　子
発行所　**東京図書株式会社**

〒102-0072　東京都千代田区飯田橋3-11-19
振替00140-4-13803　　電話03(3288)9461
URL　http://www.tokyo-tosho.co.jp/

ISBN978-4-489-02396-5